Aventuras da epistemologia ambiental:

Da articulação das
ciências ao diálogo de saberes

EDITORA AFILIADA

Dados Internacionais de Catalogação na Publicação (CIP)
(Câmara Brasileira do Livro, SP, Brasil)

Leff, Enrique
 Aventuras da epistemologia ambiental : da articulação das ciências ao diálogo de saberes / Enrique Leff ; tradução de Silvana Cobucci Leite. — São Paulo : Cortez, 2012.

Título original: Aventuras de la epistemologia ambiental.
ISBN 978-85-249-1944-2

1. Desenvolvimento econômico - Aspectos ambientais 2. Desenvolvimento sustentável 3. Gestão ambiental I. Título.

12-08540 　　　　　　　　　　　　　　　　　　　　　　　　CDD-304.2

Índices para catálogo sistemático:

1. Meio ambiente : Ecologia humana　304.2

ENRIQUE LEFF

Aventuras da epistemologia ambiental:

Da articulação das ciências ao diálogo de saberes

Tradução de
Silvana Cobucci Leite

Título original: Aventuras de la epistemologia ambiental
Enrique Leff

Capa: Ramos Estúdio
Preparação de originais: Flávia Okumura Bortolon
Revisão: Maria de Lourdes de Almeida
Composição: Linea Editora Ltda.
Coordenação editorial: Danilo A. Q. Morales

Nenhuma parte desta obra pode ser reproduzida ou duplicada sem autorização expressa do autor e do editor.

© 2012 Copyright by autor

Direitos para esta edição
CORTEZ EDITORA
Rua Monte Alegre, 1074 – Perdizes
05014-001 – São Paulo – SP
Tel. (11) 3864 0111   Fax: (11) 3864 4290
E-mail: cortez@cortezeditora.com.br
www.cortezeditora.com.br

Impresso no Brasil – agosto de 2012

Uma primeira versão deste livro foi publicada em *Ideias sustentáveis*, Centro de Desenvolvimento Sustentável, Universidade de Brasília em 2004 (tradução de Gloria Maria Vargas, pesquisadora associada do Centro de Desenvolvimento Sustentável da UnB). Este texto foi uma reconstrução do discurso da Aula Inaugural apresentada pelo autor a convite do CDS da UnB em 19 de agosto de 2003. O tema central da epistemologia ambiental tomou como referência direta o livro do autor, *Epistemologia ambiental* (São Paulo, Cortez, 2001). Este texto não era apenas uma síntese do livro, mas uma re-flexão sobre sua consistência teórica e sobre o sentido de sua proposta através do trajeto de um questionamento que, partindo do racionalismo crítico e da epistemologia estruturalista, desemboca na ontologia de Heidegger, na ética de Levinas e no desconstrucionismo de Derrida; de uma busca que, de limiar em limiar, vai construindo os conceitos de ambiente, de saber e de racionalidade ambiental, diferenciando-se do logocentrismo da racionalidade científica e dos processos de racionalização da modernidade. Este texto não é apenas uma justificação e uma didática do livro do qual parte esta reflexão. Ao mesmo tempo, tenta esclarecer os motivos dos saltos quânticos realizados pelo saber ambiental de um capítulo para outro do livro e suas articulações no processo incessante de externalização do saber ambiental da racionalidade modernizadora dominante.

O livro, publicado originalmente em português, foi publicado posteriormente em espanhol pela editora Siglo XXI em 2006. A versão em espanhol ampliou o conteúdo do livro original — cujo texto constitui o primeiro capítulo desta nova edição — com dois novos capítulos. A versão aqui apresentada é a tradução da edição revisada e ampliada do livro publicado em espanhol.

Para Jacquie
Companheira de minha aventura
Minha maior ventura

O deserto cresce
(FRIEDRICH NIETZSCHE)

*Quem pensa grande
também erra grande*
(MARTIN HEIDEGGER)

A carícia não sabe o que procura
(EMMANUEL LEVINAS)

Sumário

Apresentação.. 13

1. As circum-navegações do saber ambiental............... 15
  Interdisciplinaridade e articulação de ciências....................... 28
  Exterioridade do ambiente e relações de poder no saber....... 36
  Racionalidade ambiental: razão e valor; pensamento e ação.. 42
  Saber ambiental: o Outro do conhecimento......................... 48
  Complexidade ambiental e diálogo de saberes: o ser, o saber,
    a identidade, a outridade.. 56

2. O eterno retorno: Re-flexão da epistemologia
  ambiental.. 69

3. Do pensamento dialético ao diálogo de saberes:
  contradição, diferença e outridade na transição da
  modernidade para a pós-modernidade..................... 93
  Para além da contradição ecológica do capital..................... 94

Natureza e ecologia como segunda contradição do capital.... 96
Pensamento dialético, ecológico e complexo: encontros
e alianças 106
A construção da racionalidade ambiental: complexidade,
diferença, outridade 114
Final 129

Apresentação

Este ensaio está dividido em três partes. A primeira é a tradução de um texto preparado para uma conferência realizada no Centro de Desenvolvimento Sustentável da Universidade de Brasília em 19 de agosto de 2003,[1] cujo tema central foi uma reflexão sobre meu livro *Epistemologia ambiental*, publicado pela Cortez Editora em 2001. Este texto não é uma síntese dos temas desenvolvidos naquele livro, cujos capítulos fazem parte de outros livros publicados anteriormente.[2] Ao contrário,

---

1. Cf. Enrique Leff. *Aventuras da epistemologia ambiental. Da articulação das ciências ao diálogo de saberes*. Rio de Janeiro: Garamond, 2004.

2. O capítulo 1, "Sobre a articulação das ciências na relação natureza-sociedade", corresponde à versão publicada como capítulo I de meu livro *Ecología y capital* (México: Siglo XXI, 1994); o capítulo 2, "Interdisciplinaridade, ambiente e desenvolvimento sustentável", corresponde ao capítulo 2 de *Ecología y capital*; o capítulo 3, "Pensamento sociológico, racionalidade ambiental e transformações do conhecimento", corresponde a meu ensaio, que faz parte do livro coordenado por mim, *Ciencias sociales y formación ambiental* (Barcelona, Gedisa, 1994); o capítulo 4, "Saber ambiental: do conhecimento interdisciplinar ao diálogo de saberes", foi preparado com base em textos publicados em meu livro *Saber ambiental* (México: Siglo XXI, 1998 [*Saber ambiental*. Petrópolis: Vozes, 2001]); o capítulo 5, "Pensar a complexidade ambiental", é o corpo principal do texto publicado em meu livro *La complejidad ambiental* (México: Siglo XXI, 2000 [*A complexidade ambiental*. São Paulo: Cortez, 2003]).

procura comentá-los, viajar pelas artérias que articulam o corpo de suas argumentações, estabelecer as ligações entre a ossatura dos capítulos, entretecer o tecido cartilaginoso e os líquidos linfáticos que os unem, para deixar fluir a seiva de um pensamento que procura abrir novas conexões para irrigar o território desta nascente epistemologia ambiental.

A segunda parte é uma reflexão sobre o já pensado, sobre o que já havia sido explicitado na narrativa dos textos onde se expressa este pensamento, mas que haviam deixado uma pendência: a necessidade de esclarecer e de justificar a coerência desta aventura epistemológica. Esta tarefa poderia ser delegada a melhores intérpretes e críticos desse pensamento nômade e errante. No entanto, como responsável pelo que escrevi, não consegui refrear o impulso de me repensar, antes de ser obrigado a me desdizer.

A terceira parte analisa a relação entre o pensamento dialético e o pensamento da complexidade na perspectiva da racionalidade ambiental, o que, mais que uma tentativa de atualizar a dialética, aparece como um exemplo privilegiado para pensar a coerência possível entre dialética e complexidade, entre estruturalismo e pós-estruturalismo, para além do pensamento sistêmico e ecológico, abrindo a temática da interdisciplinaridade, da totalidade dialética e da contradição sistêmica para o diálogo de saberes.

Enrique Leff
México, D. F.
24 de maio de 2006

1

As circum-navegações
do saber ambiental

A epistemologia ambiental é uma aventura do conhecimento que busca o horizonte do saber, nunca o retorno a uma origem de onde parte o ser humano com sua carga de linguagem; é o eterno retorno de uma reflexão sobre o já pensado que navega pelos mares dos saberes exilados, lançados ao oceano na conquista de territórios epistêmicos pelo pensamento metafísico e pela racionalidade científica. Mais que um projeto com a finalidade de construir um novo objeto do conhecimento e de obter uma reintegração do saber, a epistemologia ambiental é um percurso para chegar a saber o que é o ambiente — esse estranho objeto do desejo do saber — que emerge do campo de extermínio para onde foi expulso pelo logocentrismo teórico fora do círculo de racionalidade das ciências. Percurso e não projeto epistemológico, pois, embora nas tendências que se projetam para o futuro o real já esteja transformado pelo conhecimento, a criatividade da linguagem e a produtividade da ordem simbólica não se antecipam pelo pensamento. O horizonte perde-se numa distância que a razão não consegue alcançar. *C'est la mer qui s'est allé avec le soleil.*

O ambiente não é a ecologia, mas a complexidade do mundo; é um saber sobre as formas de apropriação do mundo e da natureza, através das relações de poder inscritas nas formas dominantes do conhecimento. Dali parte nosso errante caminho por este território exilado do campo das ciências, para delinear, compreender e dar seu lugar — seu nome próprio — ao saber ambiental.

Este percurso iniciou-se no encontro da epistemologia materialista e do pensamento crítico com a questão ambiental, que emerge no final dos anos 1960 como uma *crise de civilização*. A partir dali, vem se configurando um pensamento epistemológico que tomou o *ambiente* como seu objeto de reflexão, indo ao seu encontro, descobrindo no caminho que ele ultrapassava os limites epistemológicos que pretendem circunscrevê-lo, nomeá-lo, codificá-lo e administrá-lo dentro dos padrões da racionalidade científica e econômica da modernidade.

A epistemologia ambiental conduz este caminho exploratório, para além dos limites da racionalidade que sustenta a ciência normal para apreender o ambiente, para ir construindo o conceito próprio de ambiente e configurando o saber que lhe corresponde na perspectiva da racionalidade ambiental. Neste percurso, vai se desenvolvendo o itinerário de uma epistemologia ambiental — num contínuo processo de demarcações e deslocamentos — que parte do esforço de se pensar a articulação de ciências capazes de gerar um princípio geral, um pensamento global e um método integrador do conhecimento disciplinar, para desembocar num saber que ultrapassa o campo das ciências e questiona a racionalidade da modernidade.

Este questionamento propiciou um diálogo entre autores díspares que, se em algo confluem no espaço do saber ambiental, é justamente por sua persistência em estar "fora de lugar" do campo de positividade que ilumina o *logos* da razão, no qual se faz presente o ente e se afirma a coisa; reúnem-se nessa exterioridade de onde se observa a clausura de todo pensamento que aspira à unidade, à universalidade e à totalidade: do estruturalismo e da teoria de sistemas à fenomenologia fundada na intencionalidade do sujeito e à ontologia assentada numa forma genérica do ser no mundo. O saber ambiental coloca-se, assim, fora da ideia do uno, do absoluto e do todo: do *logocentrismo* das ciências ao *saber holístico* e às visões sistêmicas que procuram reintegrar o conhecimento num projeto interdisciplinar.

O saber ambiental pôs o estruturalismo em comunicação com o pós-estruturalismo; a modernidade com a pós-modernidade; o método científico e a racionalidade econômica com os saberes populares; a ética com o conhecimento. De um olhar crítico para outro, o saber ambiental manteve-se fiel à sua vontade de se exteriorizar e rigoroso com sua falta de conhecimento, que o incentiva a investigar a partir dos limites do pensado, sem buscar a porta de entrada que lhe permitiria fundir-se e dissolver-se com uma teoria universal. Coerente com sua identidade de estrangeiro, de judeu errante, de índio sem terra, de povo sem deus, sempre ameaçado de extermínio, livre de todas as amarras, comprometido com a criatividade, com o desejo de saber, com o insondável infinito e com o enigma da existência.

O ambiente vai se configurando a partir dessa extraterritorialidade do conhecimento, assumindo seu desterro e seu horizonte. Essa condição de externalidade não é a de um saber emergente que o conhecimento estabelecido pode acolher para se completar e se atualizar. O saber ambiental emerge no espaço exterior ao *logos* científico e à esfera da racionalidade dentro da qual constituem seus objetos de conhecimento, em estruturas teóricas que se edificam desconhecendo, subjugando e expulsando saberes do seu campo; ignorando o real que é seu Outro e que não pode abraçar na positividade do seu conhecimento. Esta afirmação paradigmática da ciência estabelece uma estratégia de poder no processo de apropriação da natureza.

A epistemologia ambiental não busca a formalização de um método desenhado para reintegrar e recompor o conhecimento no mundo moderno, racionalizado e globalizado que habitamos. O saber ambiental, que nasce no campo de externalidade das ciências, penetra os interstícios dos paradigmas do conhecimento. A partir de diferentes perspectivas, lança novos olhares e vai eliminando certezas, abrindo os raciocínios fechados que projetam o ambiente para fora das órbitas celestiais do círculo das ciências. O que une esses olhares críticos é sua persistente exterioridade com relação à ciência normal e ao sistema de conhecimentos estabelecidos, sua vocação antitotalitária e crítica, seu inconformismo com os saberes consabidos. Mais que um método científico ou uma visão filosófica para "deixar o ser ser", para des-cobrir a origem e a essência do real e a verdade das coisas, a epistemologia ambiental abre a verdade do ser em seu por-vir pela ressignificação do mundo, daquilo que está além das verdades legitimadas pela legalidade científica. Essa postura epistemológica impede a conversão da crítica em dogma e permite que se continue a questionar o saber a partir de todas as frentes e a projetá-lo para todos os horizontes.

A crise ambiental é uma crise do conhecimento. O saber ambiental que dali emerge como a invasão silenciosa do saber negado se infiltra entre as muralhas defensivas do conhecimento moderno; se filtra entre suas malhas teóricas através de suas estratégias discursivas. A epistemologia ambiental derruba os muros de contenção da ciência e transcende todo conhecimento que se converte em sistema de pensamento. Desse modo, chega a questionar o marxismo e o estruturalismo, mas ao mesmo tempo usa suas armaduras teóricas contra o projeto positivista (universalista, coisificador, reificante) do conhecimento. O saber ambiental desvela e desentranha as estratégias de poder que se entremeiam na epistemologia empirista e racionalista que confundem o ser com o ente, o real com a realidade, o objeto empírico e o objeto de conhecimento; desmascara as estratégias conceituais das teorias de sistemas e do pensamento ecológico; estabelece as bases epistemológicas para a articulação teórica das ciências e abre o conhecimento para um diálogo de saberes.

A epistemologia ambiental é uma política do saber que tem por "finalidade" dar sustentabilidade à vida; é um saber para a vida que vincula as condições de vida únicas do planeta com o desejo de vida e a enigmática existência do ser humano. A epistemologia ambiental leva a mudar as circunstâncias da vida, mais do que a internalizar o ambiente externalizado da centralidade do conhecimento e do cerco do poder de um saber totalitário. Mais do que renovar a busca de um acoplamento do pensamento complexo com a realidade complexa, esta mudança na pan-óptica do olhar do conhecimento transforma as condições do ser, as formas de ser no mundo na relação que estabelece com o pensar, com o saber e o conhecer. A epistemologia ambiental é uma política para acariciar a vida, movida por um desejo de vida, pela pulsão epistemofílica que nasce do erotismo do saber.

A epistemologia ambiental não é a aplicação da razão teórica para apreender um novo objeto de conhecimento: o ambiente. A partir de seu espaço de externalidade — a partir de seu "fora de lugar" —, o saber ambiental vai confrontando diversas teorias científicas e pensamentos filosóficos com seu saber emergente. Desta forma, o saber ambiental convoca o encontro de Marx, Weber, Bachelard, Canguilhem, Althusser e Foucault, com Nietzsche, Heidegger, Derrida e Levinas, na ágora do saber ambiental.

O primeiro momento se produz com o encontro da temática ambiental emergente com a epistemologia nascida do racionalismo crítico francês — Bachelard, Canguilhem — que se cristaliza no estruturalismo epistemológico da escola de Louis Althusser. Dentro dessa perspectiva, estabeleceram-se as condições epistemológicas de uma interdisciplinaridade teórica, destinada a pensar a possível articulação das ciências para apreender a complexidade ambiental desde a multicausalidade de processos de diferentes ordens de materialidade e seus próprios objetos de conhecimento. A epistemologia ambiental iniciou sua aventura questionando as teorias e metodologias sistêmicas que não reconhecem os paradigmas das ciências, os quais, a partir de sua estrutura de conhecimento, criam os obstáculos epistemológicos e as condições teóricas para se articular com outras ciências no campo das relações sociedade-natureza.

Esses obstáculos epistemológicos não se apresentam como os das formações ideológicas que precedem o salto para a constituição de uma ciência ou de uma revolução científica, na perspectiva do racionalismo crítico, ou que seriam superados por intermédio da racionalidade interna das ciências ou da lógica do desenvolvimento do conhecimento, como teriam pensado Popper ou Kuhn. Os obstáculos que as ciências apresentam para sua "articulação" e para sua "ambientalização" são barreiras que se erguem desde a construção de seu objeto de conhecimento; são as armaduras de sua racionalidade teórica e de seus paradigmas científicos, que não reconhecem e negam o ambiente, isto é, as condições "externas" que afetam os processos que uma ciência procura explicar e o campo do real onde seus efeitos se manifestam. Esses obstáculos epistemológicos tornam as ciências resistentes a sua articulação com outras ciências e disciplinas e ao diálogo e fertilização com outros saberes.

O racionalismo crítico aplicado à epistemologia estruturalista permitiu questionar os enfoques emergentes da interdisciplinaridade, construindo uma torre de vigilância epistemológica sobre os enfoques das teorias de sistemas, do holismo ecológico e do pensamento da complexidade. Mas isso nos levaria a uma reflexão para além do campo da argumentação epistemológica, para analisar as formações teóricas e discursivas que atravessam o campo ambiental, para analisar suas estratégias conceituais e inscrevê-las na ordem das estratégias do poder no saber. Assim, estabeleceu-se um diálogo com as perspectivas abertas por Michel Foucault para combater as ideologias teóricas que procuram ecologizar o conhecimento e refuncionalizar o ambiente. A epistemologia ambiental dá um salto para pensar o saber ambiental na ordem de uma política da diversidade e da diferença, rompendo o círculo unitário do projeto positivista: para dar lugar aos saberes subjugados, para criticar a retórica do desenvolvimento sustentável e o propósito de ambientalizar as ciências; e para propor a construção de novos conceitos para fundar uma nova racionalidade social e produtiva.

Desse modo, o ambiente foi penetrando no pensamento estruturalista: as categorias de *saber ambiental* e de *racionalidade ambiental*, a ideia do poder no saber e das estratégias conceituais rompem com o princípio epistemológico da identidade entre o conhecimento e o real; permitem transcender o imaginário da correspondência entre estruturas reais (modos de produção) e estruturas de pensamento (paradigmas de conhecimento), recuperando os valores culturais, abrindo novos sentidos e racionalidades na construção de saberes e conhecimentos. Esta nova perspectiva deslocou nossa investigação para o estruturalismo teórico, para o estudo das transformações do conhecimento, que apresenta a questão ambiental dentro do pensamento sociológico em três campos privilegiados de análise: o conceito de formação econômico-social em Marx, o conceito de racionalidade em Weber e o conceito de saber em Foucault. Isso nos levaria à construção da categoria de *racionalidade ambiental* para pensar a relação entre o pensamento e a ação, aplicando-a ao campo da ecologia política e do movimento ambientalista.

Ampliando a categoria de racionalidade de Max Weber, a racionalidade ambiental conjuga a ordem teórica e instrumental do conhecimento com os valores que constituem todo saber ambiental, abrindo as perspectivas de uma administração científica e técnica do ambiente para uma nova racionalidade que integra a pluralidade de valores, visões, concepções e interesses que configuram o campo da *ecologia política*, para onde confluem diversas formas de racionalidade, assim como as diferentes significações culturais atribuídas à natureza. A racionalidade ambiental abre o modelo da racionalidade dominante para um feixe de matrizes de racionalidade na diferenciação de valores, cosmovisões, saberes e identidades que articulam as diferentes culturas com a natureza. O saber ambiental vai sendo criado na perspectiva de uma complexidade que ultrapassa o campo do *logos* científico — e das ciências da complexidade (Prigogine) —, abrindo um diálogo de saberes em que se confrontam diversas racionalidades e tradições. Desse modo, a racionalidade ambiental abre os caminhos de articulação e diálogo entre o saber ambiental e o campo das ciências, mas sobretudo vai alimentando a construção de uma nova racionalidade social, onde se conjugam identidades culturais diferenciadas e se inicia um diálogo de saberes.

O saber ambiental questiona, assim, o âmbito estrito da interdisciplinaridade e a totalização do conhecimento através da subversão do sujeito e do discurso do inconsciente. O saber ambiental constrói-se no encontro de visões de mundo, racionalidades e identidades, na abertura do saber para a diversidade, a diferença e a outridade, questionando a historicidade da verdade e abrindo o campo do conhecimento para a utopia, para o não saber que alimenta as verdades por vir.

A questão do ser, do tempo e da outridade levaria o saber ambiental a navegar para novos horizontes. A indagação sobre a relação entre o ser e o saber é um salto para fora da epistemologia e da metodologia, para ver como as formas do conhecimento do mundo o constroem e o destroem. Esta perspectiva abriu novos caminhos para aprofundar a desconstrução do *logos* científico — bem como a crítica da objetivação, da coisificação e da economificação do mundo — e para repensar a racionalidade ambiental a partir das condições do ser; não de uma ontologia do ser e do homem em geral, mas do ser na cultura nos diferentes contextos nos quais codifica e dá significado à natureza, reconfigura suas identidades e forja seus mundos de vida, na relação entre o real e o simbólico.

A partir daí abre-se uma via hermenêutica para compreender a história do conhecimento que desencadeou a crise ambiental e para construir o saber de uma complexidade ambiental que, para além de toda ontologia e da epistemologia que deram lugar às ciências modernas, indaga sobre a complexidade ambiental emergente na hibridação dos processos ônticos com os processos científico-tecnológico-econômicos, da reconstituição do ser através do saber e do diálogo de saberes. O saber ambiental constrói-se em relação com seus impensáveis — com a generatividade do novo, a indeterminação do determinado, a potência do real e a possibilidade do ser; de tudo aquilo que as ciências não reconhecem por carecer de positividade, de visibilidade, de empiricidade — na reflexão do pensamento sobre o já pensado, na abertura do ser no seu devir, em sua relação com o infinito, no horizonte do possível e do que ainda não é. Emerge assim um novo saber, constrói-se uma nova racionalidade e a história se abre para um futuro sustentável.

As aventuras da epistemologia ambiental não são os périplos do saber ao longo dos episódios do desenvolvimento de um objeto de estudo e do conhecimento progressivo do ambiente. Pelo contrário, são a evolução de um pensamento que se volta para suas indagações primeiras, despertando ao mesmo tempo novas ideias que as enriquecem, sem negar as análises que mantêm sua pertinência. A abertura para novos horizontes do saber vai incorporando novas texturas na narrativa teórica, novas tonalidades, matizes e estilos de escrita; a terminologia própria da teoria marxista, a epistemologia althusseriana e o discurso foucaultiano vão dando lugar a novos jogos de linguagem quando dialogam com a filosofia de Nietzsche, Heidegger ou Derrida; as estruturas sociais ficam como pano de fundo quando a racionalidade ocupa o centro do cenário, quando o sujeito fala e quando o ser se manifesta como protagonista do processo de apropriação da natureza por meio de sua identidade cultural.

A complexidade ambiental marca o limite do pensamento unidimensional, da razão universal, da ciência objetivante e coisificante. A epistemologia ambiental lança-se à aventura do pensamento da complexidade capaz de superar o conhecimento destinado a estabelecer o vínculo entre o conceito e o real, uma visão sobre as relações de processos, coisas, fatos, dados, variáveis e fatores, à qual se chega pela separação entre sujeito e objeto do conhecimento. A intencionalidade do ser da fenomenologia de Husserl e o "ser no mundo" da ontologia de Heidegger rompem o imaginário da representação do real pelo conceito e a ilusão emancipadora da ciência capaz de extrair da facticidade da realidade sua verdade absoluta, subjugando a existência humana pelo domínio da aplicação prática, da apropriação instrumental e do uso utilitarista do conhecimento objetivo.

O saber ambiental emerge como uma mudança de *episteme*: não é o deslocamento do estruturalismo teórico para a emergência de uma ecologia generalizada, concebida como saber de fundo de um pensamento da complexidade, mas de uma *nova relação entre o ser e o saber*. A apreensão do real a partir do conhecimento (teoricismo) conduz a uma nova racionalidade e a novas estratégias de poder no saber que orientam a apropriação subjetiva, social e cultural da natureza. O ser, a identidade e a outridade propõem novas perspectivas de compreensão e apropriação do mundo. Além do retorno ao Ser, que libera a potência do real, do "Ser que deixa ser aos entes", no sentido heideggeriano, a complexidade ambiental abre um jogo infinito de relações entre o real e o simbólico, de relações interculturais e de relações de outridade que nunca se completam nem se totalizam. O ambiente nunca chega a se internalizar em um paradigma científico ou em um sistema de conhecimento. A ontologia heideggeriana pensa o Ser que está nas profundezas do ente, e a ética levinasiana abre a questão do ser ao pensar o que excede o Ser, o que o precede e está acima e mais além do ser e que se produz na relação de outridade. A ética adquire supremacia sobre a ontologia e a epistemologia. Esta persistente inquietude epistemológica do saber ambiental o conduz para sua infinita externalidade.

Assim, de limiar em limiar, o saber ambiental vai se exteriorizando através das órbitas para as quais se abre sua investigação e suas demarcações sucessivas. Nesta aventura epistemológica, o limite do pensável não está nas margens da filosofia, mas no horizonte infinito no qual navega o ser impulsionado por seu desejo de saber. Neste espaço podemos distinguir cinco órbitas principais do saber ambiental:

1. A estratégia epistemológica para pensar a articulação das ciências diante da totalização do saber por meio da teoria de sistemas, um método interdisciplinar e um pensamento da complexidade;
2. A exteriorização do saber ambiental do círculo das ciências para as estratégias de poder no saber que jogam no campo discursivo da sustentabilidade;
3. A construção da racionalidade ambiental, que rearticula o real e o simbólico, o pensamento com a ação social, transcendendo as determinações estruturais e abrindo

a racionalidade universal para uma pluralidade de racionalidades culturais;

4. A formação do saber ambiental e a emergência da complexidade ambiental;

5. A reemergência do ser, a reinvenção das identidades e a ética da outridade, que abrem um futuro sustentável através de um diálogo de saberes, dentro de uma política da diversidade e da diferença que transcende o projeto interdisciplinar.

Com estas reflexões como pano de fundo, mergulhemos nas águas de cada um dos oceanos pelos quais circum-navega a epistemologia ambiental.

Interdisciplinaridade e articulação das ciências

A epistemologia ambiental surge e se inscreve como uma abordagem crítica no debate que abre o projeto da interdisciplinaridade. A crise ambiental lança um *mot d'ordre* às ciências, buscando sua reintegração interdisciplinar e sua reunificação sistêmica, guiadas por uma visão global, um paradigma ecológico e um pensamento complexo. A fragmentação do conhecimento aparecia como causa da crise ambiental e como um obstáculo para a compreensão e a resolução dos problemas socioambientais complexos emergentes. Se a ciência, em sua busca de unidade e objetividade, acabou fraturando e fracionando o conhecimento, as "ciências ambientais", guiadas por um método interdisciplinar, estavam convocadas à missão de alcançar uma nova reunificação do conhecimento.

O véu ecológico com o qual se cobre o corpo fragmentado do conhecimento ofusca o fato de que a crise ambiental é, no fundo, uma crise do conhecimento e que, com essa crise, se abre uma nova perspectiva para a investigação epistemológica. O ambiente foi concebido, num primeiro momento, como o "espaço" de articulação entre sociedade e natureza, entre ciências sociais e ciências naturais. Seu ponto de demarcação fundamental foi a distinção entre o objeto real e o objeto de conhecimento, como um princípio epistemológico para enfrentar as concepções empiristas e positivistas do conhecimento, assim como a vontade metodológica de reintegrar o conhecimento fragmentado mediante a correspondência entre um pensamento holístico e uma realidade complexa.

A epistemologia ambiental questiona o caráter técnico e pragmático do projeto interdisciplinar, evidenciando as condições de uma interdisciplinaridade teórica, isto é, da conjunção dos objetos de conhecimento de duas ou mais ciências. A partir de uma postura epistemológica que bebeu na fonte do racionalismo crítico de Gaston Bachelard e, seguindo uma linhagem epistemológica onde Georges Canguilhem e Michel Foucault fixaram suas linhas de demarcação com o positivismo que alimentava o orgulho de toda ciência digna desse nome, a epistemologia ambiental foi desvelando os obstáculos epistemológicos e as racionalidades que sustentam os paradigmas científicos e que impedem o livre intercâmbio de conceitos e métodos de uma ciência para outra, assim como o propósito de "internalizar uma dimensão ambiental". Essa "dimensão" expressava o rosto difuso dessa face obscura do saber que respondia ao impensado do conhecimento científico, a isso que, dentro dos enfoques de sistemas, era percebido como uma "externalidade" do campo do conhecimento positivo de uma ciência — em particular da economia —, como razão ordenadora do mundo e causa principal da destruição da natureza.

Esse questionamento epistemológico foi esclarecendo os motivos pelos quais o ambiente não é o espaço de articulação das ciências já constituídas, como se fosse o meio que se plasma entre duas formações teóricas centradas ou o entorno de seus núcleos teóricos. O ambiente não é um objeto perdido no processo de diferenciação e especificação das ciências, reintegrável pelo intercâmbio interdisciplinar dos conhecimentos existentes; não é o conhecimento positivo que viria completar os paradigmas científicos que esqueceram a natureza, que ignoraram as relações ecológicas e a complexidade ambiental. Por isso as ciências ambientais não existem. O ambiente é um saber que questiona o conhecimento. O ambiente não é um simples objeto de conhecimento ou um problema técnico. O ambiente emerge da ordem do não pensado pelas ciências, mas também do efeito do conhecimento que tem desconhecido e negado a natureza e que hoje se manifesta como uma *crise ambiental*.

O ambiente ergue-se como o Outro da racionalidade realmente existente e dominante; problematiza as ciências para transformá-las a partir de um saber ambiental que lhes é "externo". Esse questionamento não se resolve mediante a integração de uma nova "dimensão ambiental", pela via de uma completude de algo que falta às ciências e que é preenchido com os conteúdos de outras ciências e de outros saberes, mas como esse algo que as impulsiona a se reconstituir a partir de outro lugar, a partir de outra racionalidade. O ambiente é essa falta de conhecimento que não se completa nem se totaliza, onde se abriga o desejo de saber, que anima um processo interminável de construção de saberes que orientam ações para a sustentabilidade ecológica e a justiça social; que geram direitos e produzem técnicas para construir um mundo sustentável, com base em outros potenciais, de acordo com outros valores, restabelecendo a relação criativa entre o real e o simbólico, abrindo-se para o encontro com a outridade.

O saber ambiental vai se configurando em um espaço exterior ao círculo das ciências. Mas essa relação de exterioridade é uma relação de criticidade; não é a de um saber emergente que as ciências possam acolher para se completar, se atualizar e chegar a termo em um progresso do conhecimento que avança desconhecendo e subjugando saberes, ignorando o real que é seu Outro e que não pode integrar na positividade de sua verdade objetiva. O exemplo mais notório disso é a negação da natureza, da lei da entropia e das condições ecológicas de sustentabilidade pela racionalidade econômica. A epistemologia ambiental fundamenta-se em um novo saber que emerge a partir do limite do real (entropia), do projeto de unificação forçada do ser e da epopeia da ciência pela objetividade e pela transparência do mundo. O ambiente se ergue como o *Outro* da racionalidade da modernidade, do mundo realmente existente e dominante. O saber ambiental questiona as ciências a partir de sua condição de externalidade e de outridade. Dali emergem disciplinas ecológicas e ambientais; no entanto, o saber ambiental não se integra às ciências, mas as impele a se reconstituir a partir do questionamento de uma *racionalidade ambiental*, e a se abrir para novas relações entre ciências e saberes, a estabelecer novas relações entre cultura e natureza e a gerar um diálogo de saberes, no contexto de uma ecologia política em que o que está em jogo é a apropriação social da natureza e a construção de um futuro sustentável.

O pensamento estruturalista que emerge do princípio teórico da "totalidade concreta, síntese de múltiplas determinações", para vencer o efeito de reificação do mundo que produz o pensamento empirista, que confunde as relações entre processos como se fossem relações entre coisas (Marx), passou a olhar as determinações da estrutura do real — do todo estruturado já dado (Althusser) — que gera a realidade. A interpretação que Lukács faz da dialética materialista como totalidade concreta permitiu a Kosik pensar a possibilidade de recriar a totalidade da ciência baseada na descoberta da mais profunda unidade da realidade objetiva. A partir desses pressupostos seria possível postular também uma ciência ambiental de caráter holístico, geral e global.

A interdisciplinaridade, como método para a reintegração do conhecimento no campo ambiental, funda-se na ecologia, como ciência por excelência das inter-relações, e inspira-se no pensamento da complexidade — de uma ecologia generalizada — dentro da visão objetivista da ciência. Dessa maneira, o projeto interdisciplinar conserva a vontade teórica de unificar as ciências pela via da articulação de diversos campos do conhecimento, sem olhar para os obstáculos epistemológicos e para os interesses disciplinares que resistem e impedem tal via de completude. O pensamento da complexidade sucumbe diante do propósito de criar uma ciência ambiental integradora e na pretensão de criar um método para apreender as inter-relações, as interações e as interferências entre sistemas heterogêneos: uma ciência transdisciplinar, além das disciplinas isoladas. O racionalismo de Althusser oferece as bases teóricas para a crítica de uma interdisciplinaridade carente de fundamentos epistemológicos.

A epistemologia althusseriana permitiu abordar criticamente os métodos sistêmicos que, quer a partir das homologias estruturais das teorias científicas (sua possível unificação e matematização), quer a partir das abordagens holísticas que se apresentavam como uma variedade de perspectivas (psicológicas, sociológicas, institucionais) sobre um objeto empírico ou um problema da realidade e seus sistemas de referências, não admitiam o *efeito de conhecimento* que produz a "correspondência" do tecido teórico com a estrutura do real: a materialidade ontológica que sustenta o estruturalismo teórico.

Essa perspectiva epistemológica permitiu estabelecer uma crítica da ideologia da interdisciplinaridade técnica e perceber os obstáculos epistemológicos para a articulação das ciências no campo ambiental. No entanto, a epistemologia althusseriana ficou aprisionada no cientificismo pela corrente estruturalista naqueles campos do conhecimento legitimamente constituídos por seus paradigmas científicos: marxismo, freudismo, darwinismo, linguística. O estruturalismo estabelece uma diferença ontológica e epistemológica com o positivismo, mas não transcende a arrogância das ciências ao se conceber como a forma mais elevada de conhecimento, relegando e subjugando os saberes não científicos e paralisando todo projeto político fundado no saber.

Por outro lado, a multidimensionalidade em que se inscreve o pensamento holístico conduz ao eterno retorno da homogeneidade (a teoria geral de sistemas, a ecologia generalizada) ao desconhecer a diversidade do real, assim como a especificidade dos diferentes "olhares" disciplinares e culturais que o observam. A multirreferencialidade dos saberes abre o caminho para a análise plural da realidade a partir de diferentes racionalidades culturais, sobre a base de um pluralismo ontológico e epistemológico. Nem o ser é Uno, nem o saber é Uno. Esta epistemologia traz implícita uma política da diversidade cultural e da diferença. Abre-se para um diálogo intersubjetivo e intercultural que transcende o espaço da articulação das ciências e o intercâmbio interdisciplinar. A complexidade ambiental não remete a um todo: nem a uma teoria de sistemas, nem a um pensamento multidimensional, nem à conjunção e convergência de olhares multirreferenciados. Trata-se, pelo contrário, do desdobramento da relação do conhecimento com o real, que nunca alcança totalidade alguma, o que desloca, ultrapassa e substitui a reflexão epistemológica do estruturalismo crítico para a reafirmação do ser no mundo em sua relação com o saber. A interdisciplinaridade abre-se assim para um diálogo de saberes no encontro de identidades conformadas por racionalidades e imaginários que configuram os referentes, os desejos, as vontades, os significados e os sentidos que mobilizam os atores sociais na construção de seus mundos de vida; que transbordam a relação teórica entre o conceito e os processos materiais e a abrem para uma relação entre o ser e o saber e para um diálogo entre o real e o simbólico.

O racionalismo crítico, que distingue a construção de objetos de conhecimento próprios de cada ciência, aborda também o condicionamento econômico (do capital) sobre a produção de conhecimentos, e do conhecimento como mercadoria. Nessa análise prevalece uma epistemologia inspirada na teoria marxista da produção de conhecimentos. Porém, uma vez proposto, o pensamento crítico vai além do âmbito do marxismo ortodoxo e do estruturalismo clássico; pois o condicionamento econômico dentro do modo de produção dominante

— da globalização do mercado — não se converte em critério de cientificidade do conhecimento nem de possibilidade de suas articulações teóricas. Hoje, as estratégias de apropriação tecnocapitalista da natureza, a partir de uma economia ecologizada, vêm institucionalizando e procurando legitimar os direitos de propriedade intelectual sobre os recursos genéticos do planeta, apropriando-se do patrimônio genético da humanidade através da bioprospecção e da propriedade privada da biotecnologia. Mas, ao mesmo tempo, a capitalização da natureza e a hibridação de ordens ontológicas e epistemológicas diferenciadas exigem novas formas de conhecimento e do saber, para além do rigor epistemológico que se possa estabelecer sobre a possível articulação das ciências e dos modos de produção. É essa problemática ontológica e epistemológica que leva a romper o âmbito estreito do determinismo científico — até mesmo de certo pensamento complexo — para pensar a complexidade ambiental na ordem de uma nova racionalidade.

A proposta fundamental da epistemologia ambiental em sua primeira circunvolução foi a afirmação da diversidade ontológica do real, ao qual correspondem estruturas conceituais e teorias científicas específicas — através da construção de seus objetos de conhecimento — para dar conta de processos materiais específicos. Tal posição epistemológica combate a proposta positivista sobre a unificação das ciências e a universalidade do conhecimento para apreender uma realidade uniforme. A epistemologia ambiental abre caminho para um novo saber; um saber que emerge da demarcação de um limite: de uma lei-limite da entropia, mas também da ideia de verdade como correspondência entre o conceito e o real; do projeto de unificação forçada do ser e do conhecimento; da vontade de objetivar a realidade e de tornar o mundo transparente.

As estratégias epistemológicas sobre a articulação das ciências oferecem uma explicação mais concreta (síntese de múltiplas determinações) das causas da crise ambiental gerada como efeito da racionalidade econômica e científica da modernidade, abrindo caminho para a construção de uma nova racionalidade social e produtiva. Mas a transição para uma racionalidade ambiental não poderia realizar-se como uma mudança de paradigma dentro da mesma ordem científica. Essas transformações teóricas e práticas são produzidas através das estratégias de poder no saber e põem em jogo a função do sujeito na mobilização das teorias a partir do desejo de saber. Isso produziria o primeiro salto quântico para as relações de poder nas quais se cria o saber ambiental.

Exterioridade do ambiente e relações de poder no saber

A análise estruturalista sobre as condições epistemológicas para a articulação teórica das ciências deixou o ambiente emergir em seu espaço de exterioridade, no lugar no qual as ciências não falam: o lugar de seus impensáveis e de seu não saber. O ambiente irrompe como um estranho em sua primeira órbita (umbral) de demarcação diante da centralidade dos objetos de conhecimento e do fechamento do círculo das ciências. A interdisciplinaridade ambiental não se refere, portanto, à articulação das ciências existentes, à colaboração de especialistas portadores de diferentes disciplinas e à integração de recortes selecionados da realidade, para o estudo dos sistemas socioambientais complexos. A articulação das ciências não leva a incorporar uma "dimensão ambiental" dentro de um sistema de paradigmas estabelecidos, mas a um processo de reconstrução social mediante uma transformação ambiental do conhecimento e uma revalorização dos saberes "não científicos".

Contra o malogrado propósito de reintegração e retotalização interdisciplinar das ciências, afirmamos que "as ciências ambientais não existem". E não existem porque elas não surgem de um processo de vinculação que chegaria a dar a cada ciência o que lhe faz falta por seu fracionamento, mas pelo ambiente que emerge como um saber que problematiza os paradigmas científicos e questiona a objetivação do mundo que a ciência produz. Desse processo surgem ramos ecologizados da árvore do conhecimento ou disciplinas ambientalizadas que podem entrelaçar-se, porém não poderão fundir seus objetos e estruturas de conhecimentos numa visão holística e num amálgama de saberes, sem antes derrubar os obstáculos epistemológicos e as barreiras disciplinares que impedem tal articulação científica, sabendo que isso não poderá ser obtido pela abertura dos paradigmas estabelecidos, e sim mediante a construção de um novo *objeto científico interdisciplinar*.

A epistemologia de Canguilhem abre as portas para a análise crítica dos conceitos de *meio* e de *ambiente* como os espaços de articulação das formações centradas das ciências. O ambiente aparece como o campo de externalidade da racionalidade econômica que se manifesta na degradação ambiental. A partir de suas origens epistêmicas, o meio ambiente foi definido como as circunstâncias que afetam as formações centradas das ciências, como o sistema de conexões que circundam os centros organizadores de certos processos materiais (biológicos, econômicos, culturais). Essas "circunstâncias" não são apenas as condições ecológicas que afetam a adaptação das espécies ao meio, mas também a sustentabilidade da economia e os modos de produção associados às formas de significação cultural da natureza.

O meio foi codificado dentro da visão mecanicista que foi englobando os objetos de conhecimento das ciências como um conjunto de variáveis que poderiam ser estudadas experimentalmente. O meio aparece, assim, como um "sistema de relações sem suportes" que caracterizou o estudo da relação de organismos com seu entorno no pensamento ecologista, levando às análises sistêmicas das relações de um conjunto de variáveis e fatores, de objetos e processos, desconhecendo as ordens ontológicas e epistemológicas dessas formações teóricas centradas em seus objetos de conhecimento. Por esse motivo, o meio não é objeto de nenhuma ciência nem o espaço de articulação das ciências centradas em seus objetos de conhecimento que dão conta da organização de processos materiais específicos e diferenciados. No pensamento ecológico, o ambiente se desvanece juntamente com a especificidade das ciências e dos conflitos sociais pela apropriação da natureza, diluindo-se na transparência das análises sistêmicas, dos métodos interdisciplinares e das práticas de planejamento.

No entanto, o ambiente renasce desse processo de extermínio reclamando seu sentido estratégico no processo epistemológico e político de supressão das externalidades do desenvolvimento (exploração econômica, degradação ambiental, submissão cultural e exclusão de gênero), que persistem e insistem apesar da ecologização da economia, da capitalização da natureza e da sistematização do saber. Dali se origina uma crítica ao ecologismo como paradigma integrador do saber. A proposta de uma interdisciplinaridade teórica que surge dessa perspectiva que se fundamenta na história epistemológica da biologia estabelece as condições teóricas para a construção de um paradigma interdisciplinar de conhecimento, não na confluência de diversas disciplinas no tratamento de uma problemática comum ou de um objeto empírico abordado em comum por diferentes disciplinas, mas como uma revolução no objeto de conhecimento resultado da cooperação de diferentes ciências e disciplinas científicas, seguindo o caso exemplar da mudança da biologia darwiniana para a biologia genética na história das ciências. Desse modo, o ambiente não poderia ser um campo interdisciplinar constituído pela confluência de algumas "ciências ambientais" emergentes para abordar as relações sociedade-natureza.

A epistemologia ambiental é uma epistemologia política; não prescreve as condições de possibilidade do desenvolvimento das ciências e de suas fertilizações interdisciplinares, mas se coloca no campo do poder no saber, desvelando os efeitos de dominação das ideologias teóricas (a ecologia generalizada, o pragmatismo funcionalista e o formalismo sistêmico) e das estratégias conceituais que se cristalizaram em paradigmas científicos, orientando e condicionando as práticas sociais que incidem na sustentabilidade ou insustentabilidade do mundo, abrindo um campo de ação a partir do conhecimento para a construção social de uma racionalidade ambiental.

O ambiente, como articulação de ordens ontológicas e epistemológicas diferenciadas, questiona a ecologia que procura converter-se numa "ciência das ciências", num pensamento holístico integrador da realidade fragmentada e dos diferentes processos que a constituem, mas que desconhece a diferença entre o real e o simbólico, entre a ordem do desejo e as estratégias do poder no saber. A epistemologia ambiental não é a ecologização do pensamento: porque o desejo e o poder não seguem uma lei ecológica; porque o ser humano, como ser simbólico, afasta-se de todas as normas de comportamento que relacionam os seres vivos com seu ambiente; porque não podemos fugir à natureza humana — ao nosso ser simbólico, à nossa condição de existência —, mesmo revestindo-nos da mais profunda das ecologias e da ética mais piedosa e caritativa.

A ecologia generalizada cai na mesma falha epistemológica que a teoria geral de sistemas, a qual, no propósito de unificar processos de diferentes ordens de materialidade por meio dos isomorfismos e das homologias estruturais dos sistemas na análise formal das ciências (von Bertalanffy), deixa escapar a substância ontológica do real, a substância significativa da linguagem e a substância axiológica do valor e do sentido da existência humana. O ecologismo procura o acoplamento de um saber holístico sem fissuras a um todo social sem divisões e a um mundo homogêneo, esquecendo a fertilidade da diferença, o valor do diferente e o potencial do heterogêneo.

Contra esses efeitos da análise sistêmica erguem-se os princípios de uma pluralidade ontológica e de uma epistemologia que reconhecem a especificidade das ciências para pensar a relação sociedade-natureza como uma articulação da ordem histórica, cultural e biológica; do real, o simbólico e o imaginário. Mas as estratégias do poder no saber não são resolvidas por uma confrontação de princípios epistemológicos e sua verificação/falsificação com a realidade. Elas desembocam num campo de estratégias discursivas (de poder no saber) que se plasmam no campo da ecologia política e da política ambiental.

A epistemologia ambiental reconhece os efeitos das formas de conhecimento na construção/destruição da realidade; ao mesmo tempo, revaloriza o conhecimento teórico como forma de compreensão e apropriação do mundo, desvelando as armadilhas ideológicas e desfazendo as tramas de poder associadas ao uso instrumental das ciências. Estabelece-se assim o valor da teoria como ferramenta de emancipação diante dos efeitos de sujeição das ideologias e concebe-se o conhecimento dentro de estratégias de poder no saber. Desta maneira, enfrentam-se os efeitos da naturalização dos processos políticos de dominação, ao incluir a sociedade como subsistema de um ecossistema global e dentro da lógica do mercado — esses princípios ordenadores do mundo —, que neutralizam a consciência dos agentes sociais ao inseri-los como indivíduos iguais dentro de uma mesma Terra e perante um futuro comum. Sem postular ciências de classe, o conhecimento aparece como um processo social que se desenvolve nas malhas do poder, onde diferentes visões e interesses promovem a geração de conhecimentos associados a diferentes racionalidades, abrindo possibilidades alternativas para a organização produtiva e a apropriação social da natureza.

A epistemologia ambiental não questiona unicamente as estratégias de poder que se manifestam nas formações discursivas do desenvolvimento sustentável e a produção de conceitos práticos para a gestão ambiental. Também orienta a construção de um novo objeto de conhecimento da economia e a construção de uma nova racionalidade produtiva fundada na articulação de processos ecológicos, tecnológicos e culturais.

Racionalidade ambiental: razão e valor; pensamento e ação

O saber ambiental emerge dessas mudanças epistêmicas com um sentido estratégico e prospectivo para desconstruir a racionalidade econômica e instrumental na qual se fundou o modelo civilizatório da modernidade e para construir uma nova racionalidade social. O conceito de *racionalidade* permite abordar o sistema de regras de pensamento e comportamento dos atores sociais que legitimam ações e conferem um sentido à organização social. Diante do processo de racionalização que imperou na modernidade, guiado pela racionalidade instrumental de um mundo objetivado pela metafísica e pela ciência, a racionalidade ambiental coloca em jogo o valor da teoria, da ética e das significações culturais na invenção de uma nova racionalidade social, onde prevalecem os valores da diversidade e da diferença, diante da homogeneização do mundo, do ganho econômico, do interesse prático e da submissão dos meios a fins traçados de antemão pela visão utilitarista do mundo. O saber ambiental orienta uma nova racionalidade para os "fins" da sustentabilidade, da equidade e da justiça social.

Para além das estratégias conceituais e metodológicas nas quais se inserem a articulação das ciências e os processos interdisciplinares para desvelar as causas da crise ambiental, diagnosticar sistemas complexos e orientar políticas para a sustentabilidade, a racionalidade ambiental configura a relação entre o real e o simbólico na compreensão do mundo, ressignificando os fins e os meios aos quais se dirigem as ações sociais (econômicas, políticas), iluminando novas teorias e renovando os sentidos da existência humana. Isso nos levaria a repensar os temas da formação socioeconômica, da racionalidade social e do saber, convocando para esse diálogo Karl Marx, Max Weber e Michel Foucault.

A análise das condições epistemológicas para uma articulação das ciências vincula-se com a categoria marxista de *articulação de modos de produção* para compreender a estrutura funcional e as contradições de formações sociais específicas. A racionalidade ambiental permite uma nova abordagem das formações sociais como uma *articulação de processos*, para compreender as relações entre a base econômica e as superestruturas, entre o material e o simbólico, o real e o imaginário; mas, sobretudo, para estabelecer as relações de ordem natural e cultural na materialidade da produção, bem como a ordem do poder no saber que se decanta nas relações técnicas e sociais de produção que determinam as condições de sustentabilidade das forças produtivas. Abre-se assim a possibilidade de pensar uma formação socioeconômico-ambiental como uma articulação de processos ecológicos, tecnológicos e culturais, e sua relação com a ordem econômica e os aparelhos do Estado que dominam o projeto civilizatório da modernidade. Dessa maneira, abre-se uma via para compreender as racionalidades em jogo nas formas de percepção, apropriação e manejo da natureza — dos potenciais e das condições naturais da sustentabilidade —, transcendendo o esquematismo classificatório dos modos de produção, das formações socioeconômicas e das tipologias dos atores sociais.

O conceito de racionalidade ambiental põe em relevo o fato de que a construção da sustentabilidade não é a fusão de duas lógicas antinômicas — da lógica ecológica e da lógica do capital —, mas que a "resolução de suas contradições", além de uma síntese dialética por via teórica ou pela luta de classes, implica estratégias políticas, relações de poder e formas de legitimação de saberes e direitos que remetem a sistemas complexos de ideologias-práticas-ações sociais dentro das estratégias discursivas e dos mecanismos institucionais onde se estabelecem as relações de poder no saber. Essas práticas excedem as formas de determinação derivadas das leis científicas da ordem ecológica, da racionalidade econômica e da estrutura de um modo de produção. Diante da ecologia como princípio e modelo para a reconstrução do todo social, a racionalidade ambiental estabelece o ponto crítico de uma sociedade regida por um conjunto de meios para alcançar fins comuns da humanidade dentro de uma razão universal ordenadora do mundo.

A racionalidade ambiental se separa de toda lógica inscrita numa lei imanente, pois, como afirmara Canguilhem, o fato de um indivíduo ou de um grupo social questionarem a finalidade estabelecida é sinal suficiente de que essa sociedade carece de um fim com o qual se identificaria a sociedade como um todo dentro dessa estrutura. A racionalidade ambiental não é uma ordem determinada por uma estrutura (econômica) ou uma lógica (do mercado, do valor, da organização vital, do sistema ecológico), mas a resultante de um conjunto de formas de pensamento, de princípios éticos, de processos de significação e de práticas e de ações sociais, que limitam ou desencadeiam a aplicação ou a manifestação de uma lei (da economia, da entropia, da ecologia) numa oposição e conjunção de interesses sociais e que orientam a reorganização social, através da intervenção do Estado e da sociedade civil, para a sustentabilidade.

A racionalidade ambiental abre o caminho para transcender a estrutura social e os paradigmas do conhecimento, na medida em que as diversas ordens do real são *incorporadas em formas de racionalidade* que orientam as práticas de gestão ambiental. A sustentabilidade passa a ser um objetivo que supera as capacidades das ciências, para se converter num projeto político mediante a constituição de atores sociais movidos por propósitos e interesses inscritos em racionalidades diversas, orientados por saberes e valores arraigados em identidades próprias e diferenciadas. A dialética entre duas lógicas se traduz, assim, numa dialética social no campo da reapropriação social da natureza, mediante a qual se induzem as transformações do conhecimento e das bases materiais da produção.

A categoria de *racionalidade ambiental* transforma-se, portanto, num conceito fundamental para analisar a coerência dos princípios do ambientalismo em suas formações discursivas, teóricas e ideológicas, a eficácia dos instrumentos de gestão ambiental e as estratégias do movimento ambientalista, assim como a consistência das políticas públicas e as transformações institucionais para alcançar os objetivos da sustentabilidade. A racionalidade ambiental questiona o princípio da racionalidade moderna fundada na razão científica em sua pretensão de constituir a forma superior da racionalidade e em sua capacidade de dissolver as externalidades e resolver as irracionalidades e conflitos gerados pelo sistema social. Ao contrário, a racionalidade cognitivo-instrumental da modernidade aparece, juntamente com a racionalidade econômica dominante, como a causa principal da crise ambiental, reclamando a construção de uma nova racionalidade social, aberta para a incerteza e para o risco, para a diversidade e para a diferença. Estabelece-se então uma demarcação entre racionalidade capitalista e racionalidade ambiental, assim como um princípio de diversidade e diferença entre os processos que constituem a racionalidade ambiental (potenciais ecológicos, significações culturais) e sua impossível reconversão em valores monetários e em formas comensuráveis do capital: capital natural, capital humano, capital cultural.

As perspectivas foucaultianas permitem ver a emergência do saber ambiental, não a partir de um espaço etéreo que circunda os corpos das ciências, mas na configuração de suas formações e estratégias discursivas em torno dos problemas ambientais do nosso tempo e dos interesses antagônicos que atravessam o campo ambiental, das estratégias de poder no saber, da apropriação e transformação do discurso ambiental segundo os interesses da globalização econômica e do desenvolvimento sustentável; sua inserção em diferentes domínios institucionais, práticas disciplinares e campos de aplicação; não como uma doutrina homogênea e acabada (uma ecologia generalizada), mas como um campo heterogêneo de formações teóricas, ideológicas e discursivas. Assim, o saber ambiental não só sacode os corpos teóricos das ciências, mas enfrenta os interesses disciplinares e as formações teóricas e ideológicas que legitimam e institucionalizam decisões e ações em relação às formas de percepção, acesso, propriedade e uso dos recursos naturais.

A análise sociológica do saber ambiental leva a discernir a coerência entre os enunciados explicativos, valorativos e prescritivos do discurso ambiental, seus processos de produção de sentido, de mobilização social, de mudança política e de reorganização produtiva. Dessa forma, estabelecem-se os vínculos entre conhecimento e produção na construção de uma racionalidade ambiental. Nesse processo, as ciências sociais orientam uma utopia que vai se *realizando* por meio dos processos jurídicos e sociais que vão legitimando e mobilizando ações sociais e orientando-as para a construção de sociedades sustentáveis.

O saber ambiental transcende o conhecimento disciplinar; não é um discurso da verdade, mas um saber estratégico que vincula diferentes matrizes de racionalidade, aberto ao diálogo de saberes. O saber ambiental constitui novas identidades onde se inscrevem os atores sociais que mobilizam a construção de uma racionalidade ambiental e a transição para um futuro sustentável. Nesse sentido, o saber ambiental se produz numa relação entre a teoria e a práxis; não se fecha em sua relação objetiva com o mundo, mas abre-se para a produção de novos sentidos civilizatórios.

O saber ambiental constrói sua utopia a partir do potencial do real e da realização do desejo que ativa princípios materiais e significações sociais para a construção de uma nova realidade — de uma racionalidade social alternativa —, na qual se verificará sua verdade como potência, mobilizando processos para a realização de certos objetivos, ativando a potência do real e do simbólico, da natureza e da cultura. Assim, a racionalidade ambiental converte-se num processo de racionalização teórica, técnica e política que dá coerência conceitual, eficácia instrumental e sentido estratégico ao processo social de construção de um futuro sustentável. A racionalidade ambiental vai se *verificando* no processo de construção de seu referente, através de processos de racionalização — de transformações axiológicas, gnosiológicas, institucionais e produtivas — que orientam a mudança social para a sustentabilidade.

Esse processo de "racionalização ambiental" não é a aplicação de um modelo ao campo ambiental. Pelo contrário, desloca a hegemonia hegemonizante da racionalidade moderna (econômica, teórica, instrumental), fazendo valer a categoria de racionalidade substantiva que se realiza ao conectá-la com a categoria de racionalidade cultural que, sob o princípio do valor intrínseco da diversidade cultural e de uma impossível hierarquia de valores e de significações culturais, se estabelece em um campo de sentidos em disputa. A ética se funde na racionalidade ambiental como um princípio de diversidade e uma política da diferença. A construção de uma racionalidade ambiental aberta para diferentes estratégias cognitivas, matrizes de racionalidade, processos de significação, modos de produção e formas de apropriação da natureza não será guiada por uma norma ou por um saber de fundo impostos sobre a cultura, e sim por sua diversidade e por formas singulares de significação da natureza. Anuncia-se, assim, o diálogo de saberes dentro do campo de relações de outridade como princípio constitutivo da racionalidade ambiental.

Saber ambiental: o Outro do conhecimento

Depois de abordar as condições de uma articulação teórica das ciências, dos limites e possibilidades da interdisciplinaridade, da emergência do saber ambiental nas malhas do poder no saber e das estratégias conceituais e políticas para constituir uma racionalidade ambiental, a epistemologia ambiental se desloca para um novo patamar de reflexão. Para além do conhecimento objetivo e das determinações do real, a interdisciplinaridade científica se transborda para o diálogo de saberes; o conhecimento sobre o meio se abre para seu Outro: o saber ambiental.

Ao se fragmentar analiticamente para penetrar nos entes, o conhecimento separa o que está articulado organicamente na ordem do real; sem saber, sem intenção expressa, a racionalidade científica gera uma sinergia negativa, um círculo vicioso de degradação ambiental que o conhecimento já não compreende nem contém. Essa forma de conhecimento, que quer apreender os entes em sua objetividade, indagando suas essências, construiu um "objeto" complexo que já não se atém à multicausalidade dos processos que o geraram. O *transobjeto* que gera essa *transgênese* demanda um saber que ultrapassa os âmbitos do conhecimento sistêmico, dos métodos interdisciplinares e do pensamento da complexidade. O "desenvolvimento do conhecimento", em vez de avançar transcendendo a ignorância numa "dialética da iluminação", vai gerando suas próprias sombras, construindo um objeto negro que já não se reflete no conhecimento científico nem nos ordenamentos jurídicos estabelecidos.

Dessa maneira, o ambiente configura um campo externo às ciências que não é reintegrável por extensão da racionalidade científica a esses espaços negados e a esses saberes esquecidos. O ambiente é o Outro do pensamento metafísico, do *logos* científico e da racionalidade econômica. Nesta perspectiva, o propósito de internalizar o saber ambiental nos paradigmas do conhecimento se reformula no cenário da epistemologia política, onde se confrontam racionalidades e tradições num diálogo com a outridade, a diferença e a alteridade.

A reintegração do mundo não remete a um projeto de reunificação do conhecimento. A emergência do saber ambiental rompe o círculo "perfeito" das ciências e da razão iluminista da modernidade, a crença numa Ideia Absoluta e a vontade de um conhecimento unitário, abrindo-se para a dispersão do saber e para a diferença de sentidos existenciais. Dessa perspectiva, os corpos teóricos, os conceitos e métodos das disciplinas "ambientais" emergem de um processo de produção teórica que abre o campo das ciências; são essas ramificações ambientais do conhecimento, entrelaçadas com saberes e práticas "não científicas", as que permitem o enlace de novos saberes, integrando processos de diferentes ordens de materialidade e novas matrizes de sentido, para constituir uma nova racionalidade teórica, social e produtiva.

O saber ambiental ultrapassa o campo da racionalidade científica e da objetividade do conhecimento. Esse saber conforma-se dentro de uma nova racionalidade teórica, de onde emergem novas estratégias conceituais. Ele propõe a revalorização de um conjunto de saberes sem pretensão de cientificidade. Diante da vontade de resolver a crise ecológica mediante o "controle racional do ambiente", questiona-se a "irracionalidade" da razão científica. O saber ambiental, alinhado com a incerteza e a desordem, aberto para o inédito e para os futuros possíveis, incorpora a pluralidade axiológica e a diversidade cultural na formação do conhecimento e na transformação da realidade.

A racionalidade ambiental inclui novos princípios teóricos e meios instrumentais para reorientar as formas de manejo produtivo da natureza. Esta racionalidade fundamenta-se em valores (qualidade de vida, identidades culturais, sentidos da existência) que não aspiram a alcançar uma condição de cientificidade. Esse encontro de saberes implica processos de hibridação cultural onde são revalorizados os conhecimentos indígenas e os saberes populares produzidos por diferentes culturas em sua coevolução com a natureza.

O saber ambiental propõe a questão da diversidade cultural no conhecimento da realidade, mas também o problema da apropriação de conhecimentos e saberes dentro de diferentes racionalidades culturais e identidades étnicas. O saber ambiental não apenas gera um conhecimento científico mais complexo e objetivo; também produz novas significações sociais, novas formas de subjetividade e posicionamentos políticos diante do mundo. Trata-se de um saber que não escapa à questão do poder e à produção de sentidos civilizatórios. Nesse sentido, a configuração do saber ambiental emergente une-se aos processos de revalorização e reinvenção de identidades culturais, das práticas tradicionais e dos processos produtivos das populações urbanas, camponesas e indígenas; oferece novas perspectivas para a reapropriação subjetiva da realidade e abre um diálogo entre saberes e conhecimentos no encontro do tradicional e do moderno.

O saber ambiental reconhece as identidades dos povos, suas cosmologias e seus saberes tradicionais como parte de suas formas culturais de apropriação de seu patrimônio de recursos naturais. De igual forma, inscreve-se nos interesses diversos que constituem o campo conflitante da ecologia política. Emergem dali novas formas de subjetividade na produção de saberes, na definição dos sentidos existenciais e na qualidade de vida de indivíduos e comunidades em diversos contextos culturais. O saber ambiental impulsiona novas estratégias conceituais para construir uma nova racionalidade social.

Na transição da modernidade para a pós-modernidade, as tendências da epistemologia das ciências, orientada pela busca da unidade e da objetividade do conhecimento, encontram-se e confrontam-se com os efeitos da valorização da diversidade e da diferença na teoria e pelo lugar que as posições subjetivas ocupam nas esferas do saber e no campo da interdisciplinaridade. A partir dessa perspectiva, foi possível desvelar as causas subjetivas do saber totalitário que a ciência moderna promove e ao qual ela aspira. Esse sujeito — que não é outro senão o sujeito do conhecimento e da ciência moderna —, dividido por seu desejo inconsciente e diferenciado por sua sociedade, aspira a cobrir sua *falta em ser* com o imaginário de um corpo teórico total, ocultando seu desconhecimento sob o manto unitário da *Ciência*, constituído pelos retalhos dos saberes disciplinares que o projeto positivista, inaugurado por Descartes, produziu. A nostalgia de uma totalidade originária, a ambição de um saber absoluto, marcam um retorno mítico a um saber total, a um método interdisciplinar capaz de transcender a divisão constitutiva do desejo de conhecer. Essa racionalidade científico-tecnológica constituiu um projeto oposto à produtividade do heterogêneo, ao potencial do diferente, à integridade do específico e à articulação do diverso, que fundamentam a racionalidade ambiental.

Os pontos de ancoragem das teorias de sistemas e do pensamento estruturalista na racionalidade moderna vão deixando suas rígidas estruturas enferrujadas; antes de desmoronar, eles impregnam-se da sensibilidade e da linguagem da pós-modernidade. Além do problema de internalizar a multicausalidade dos processos através de suas homologias estruturais, da articulação de ciências e da abertura das ciências ao conhecimento não científico — uma hibridação entre ciências, técnicas e saberes —, a complexidade ambiental emerge da sobreobjetivação do mundo, de um processo de exteriorização e de extermínio do ser que ultrapassa toda compreensão e contenção possível pela ação de um sujeito consciente capaz de incorporar uma ética ecológica ou uma moral solidária.

A complexidade ambiental emerge de uma hibridação de diversas ordens do real — da intervenção do conhecimento no real — que foi gerada e determinada pela racionalidade científica e econômica que tem produzido este mundo objetivado e coisificado que, em reação, faz-se resistente a toda forma de conhecimento. O processo civilizatório da modernidade desencadeia uma reação em cadeia que ultrapassa todo controle possível da natureza por meio de uma gestão científica do ambiente. A complexidade ambiental abre o círculo das ciências para um diálogo de saberes. Projeta a atualidade para um infinito onde o ser excede o campo de visibilidade e positividade da ciência, da objetivação do mundo na realidade presente.

Ao final do longo périplo da ciência, de seu propósito de nomear, codificar e controlar o real; de apreender, compreender e dominar a natureza; de soletrar o infinito, nos encontramos sendo pensados por outro, pelo conhecimento como um Outro, externo, que pensa o ente e nos pensa, mas não compreende o ser; que nos deixa impotentes diante dos mecanismos ativados pela racionalidade econômica e instrumental, e ávidos de sentido de vida. O transbordamento do conhecimento produz o esvaziamento de sentidos existenciais e uma sede de vida que expressa tanto as lutas das etnias pela reafirmação de suas identidades, como o drama desse ser solitário, cujo grito se escuta no vazio deixado pela metafísica, pela filosofia e pela epistemologia, que transbordam o real e não sustentam o ser. Um verbo que nos pensa, impõe-nos sua verdade e nos sujeita.

Se Humboldt des-cobre as determinações da linguagem e o condicionamento mútuo entre as línguas e o espírito dos povos (primeira des-construção do Uno e da palavra divina forjadora do mundo, antes de Babel), Nietzsche é o primeiro grande questionador da metafísica, da filosofia e da ciência do Uno e do Mesmo, desse núcleo duro e centro do mundo para o qual Derrida e os filósofos da pós-modernidade (um século mais tarde) atirariam suas lanças em seu propósito de desconstruir a gramática, o *logos* e o conhecimento.

Esse olhar crítico do pensamento pós-moderno aprofunda, assim, nossas análises anteriores sobre a relação entre as ciências e o saber, fortalecendo o argumento no sentido de que o saber ambiental, que gira no espaço exterior dos paradigmas do conhecimento "realmente existentes", não é reintegrável ao centro da racionalidade científica, estendendo e expandindo o campo do conhecimento até os confins dos saberes marginalizados para tentar normatizá-los, matematizá-los, capitalizá-los. A problemática do conhecimento que apresenta a complexidade ambiental não é a da historicidade de um devir científico que avança rompendo obstáculos epistemológicos e deslocando o lugar da verdade para uma *infinita exteriorização*, e sim a do saber ambiental que dali emerge, questionando a lógica do desenvolvimento científico e seu pretenso controle da realidade.

O saber ambiental é configurado por e enraizado em identidades coletivas que conferem sentido a racionalidades e práticas culturais diferenciadas. A identidade trans-histórica e a temporalidade da identidade transcendem a dialética do isso e do ego, essa corrente subterrânea, subcutânea e subconsciente de processos de significância que irrompem no eu para instalá-lo num presente diante de um ente, iluminado pelas cegueiras do inconsciente. O "eu" é o ego de um ser des-substanciado, sem território e sem referentes, que flutua num espaço indeterminado e num mundo esvaziado de sentido. Ao contrário, a identidade é feita de significações simbólicas, relacionadas com práticas sociais que se enraízam num ser coletivo, cuja memória viaja no tempo fincando raízes na terra e no céu, no material e no simbólico.

O diálogo de saberes que a complexidade ambiental convoca não é um relaxamento do regime disciplinar na ordem do conhecimento para dar lugar à aliança de lógicas antinômicas, à personalização subjetiva e individualizada do conhecimento, a um jogo indiferenciado de linguagens, ao consumo massificado de conhecimentos, capazes de coabitar com suas significações, polissemias e contradições. O saber ambiental forja-se no encontro (enfrentamento, entrecruzamento, hibridação, complementação, antagonismo) de saberes diferenciados por matrizes de racionalidade-identidade-sentido que respondem a estratégias de poder pela apropriação do mundo e da natureza.

A consistência e a coerência do saber são produzidas numa permanente prova de objetividade com a realidade e numa práxis de construção do real social que confronta interesses contrapostos e muitas vezes antagônicos, inseridos nos saberes pessoais e coletivos sobre o mundo. Neste sentido, o conhecimento não se constrói somente em suas relações de validação — de verificação e falsificação — com a realidade externa dentro dos padrões estabelecidos por uma lógica teórica dentro de um paradigma científico, e numa justificação intersubjetiva do saber num campo objetivo neutro (de um discurso consensuado por uma ação comunicativa e um saber de fundo homogêneo). Todo saber aparece inscrito numa rede de relações e tensões com a outridade, com o potencial do real e com a construção de utopias por meio da ação social; isso confronta a objetividade do conhecimento com as diversas formas de significação e de assimilação de cada sujeito e de cada cultura, gerando um processo que concretiza e enraíza o conhecimento em saberes individuais e coletivos.

O saber ambiental forja-se na pulsão por conhecer, na falta de saber das ciências e no desejo de preencher essa falta insaciável. A partir dali toma impulso um processo de realização de uma utopia como construção de um futuro sustentável por meio de um diálogo de saberes e na confluência de uma multiplicidade de sentidos coletivos, mais do que como uma articulação de ciências, de intersubjetividades e de saberes pessoais. O saber ambiental procura saber o que as ciências ignoram porque na lógica da descoberta científica seus paradigmas teóricos lançam sombras sobre o real, desconhecem outros campos científicos e avançam subjugando saberes. O saber ambiental, mais do que uma hermenêutica e um método de conhecimento do esquecido, mais do que o conhecimento do consabido, é a inquietação sobre o nunca sabido, o que fica por saber sobre o real, o saber que está sendo forjado e que propicia a emergência "do que ainda não é". Neste sentido, o saber ambiental leva a construir novas identidades, novas racionalidades e novas realidades.

Complexidade ambiental e diálogo de saberes: o ser, o saber, a identidade, a outridade

A crise ambiental é, sobretudo, um problema do conhecimento, que leva a repensar o ser do mundo complexo, a entender suas vias de complexificação (a diferença e o entrelaçamento entre a complexidade do ser e o pensamento), para, a partir dali, abrir novas vias do saber no sentido da reconstrução e da reapropriação do mundo. A racionalidade dominante do sistema mundo hegemônico descobre a complexidade quando se confronta com seus limites. A complexidade ambiental irrompe a partir de sua negação pelo pensamento metafísico e científico, a partir da alienação e da incerteza do mundo *economificado*, arrastado por uma racionalidade insustentável e por um processo incontrolável de produção para a morte entrópica do planeta.

Para além da auto-organização da *physis* (da evolução do universo cósmico até a organização da vida na Terra e da ordem simbólica do ser humano), a matéria se complexificou pela *reflexão do conhecimento sobre o real*. O conhecimento deslocou seu propósito de compreender a realidade para o objetivo de intervir no real (a natureza e a sociedade), cuja expressão mais clara é a tecnologização e a economificação do mundo e dos mundos de vida das pessoas. A ciência analítica, ao procurar simplificar a realidade e ao ignorar a complexidade do real (a organização ecossistêmica da natureza), gerou a complexidade ambiental do mundo. A economia mecanicista e a tecnologia instrumental negaram a potência da natureza; as aplicações de seu conhecimento fragmentado, de seu pensamento unidimensional e de sua tecnologia produtivista aceleraram e ampliaram a degradação entrópica do planeta. A crise ambiental é o efeito acumulado das sinergias negativas desse processo.

A crise ambiental é uma *crise de civilização* produzida pelo *desconhecimento do conhecimento*. O conhecimento já não representa a realidade; pelo contrário, constrói uma *hiper-realidade* na qual se vê refletido. A ecologia e a teoria de sistemas, antes de serem uma resposta a um real em vias de complexificação que as reclama, são a sequência do pensamento metafísico que, desde sua origem, foi solidário da generalidade e da totalidade. Como modo de pensar, essas teorias inauguram um *modo de produção do mundo* que, afim com o ideal de universalidade e unidade do pensamento, leva à generalização de uma lei totalizadora. Nesse sentido, a lei do mercado, mais do que refletir na teoria a generalização da troca mercantil, produz uma *sobre-economificação* do mundo, ao recodificar todas as ordens do real em termos de valores de mercado, e ao instaurar a globalização do mercado como forma de totalização do ser no mundo.

A dialética do conhecimento, onde o conhecimento está "fora" do real, levou à intervenção do conhecimento no real, e à construção da realidade através do conhecimento[1]. Essa nova fase do mundo não pode ser entendida simplesmente como uma contradição da ordem mundial moderna, como uma dialética do Iluminismo.

Se já desde Hegel e Nietzsche a não verdade aparece no horizonte da verdade, a ciência foi descobrindo as falhas do projeto científico da modernidade, desde a irracionalidade do inconsciente (Freud) e do princípio de indeterminação (Heisenberg), até o encontro com a flecha do tempo e as estruturas dissipativas (Prigogine). O pensamento da complexidade e o saber ambiental integram a incerteza, a irracionalidade, a indeterminação e a possibilidade no campo do conhecimento.

---

1. Neste sentido Heidegger afirmaria que "por muito tempo se infligiu uma violência sobre o elemento cóisico das coisas, e que o pensamento desempenhou um papel nessa violência, motivo pelo qual as pessoas desautorizam o pensamento em vez de dar-se o trabalho de aprofundar-se no pensamento".

Do campo de externalidade da racionalidade modernizadora; dos núcleos do conhecimento que configuraram os paradigmas das ciências, seus objetos de conhecimento e seus métodos, emerge um novo saber, marcado pela diferença. O saber ambiental não é a retotalização do conhecimento a partir da conjunção interdisciplinar dos paradigmas atuais. Pelo contrário, é um saber que, a partir da falta de conhecimento das ciências, problematiza os paradigmas científicos para "ambientalizar" o conhecimento, para gerar um feixe de saberes nos quais se entrelaçam diversas vias de sentido.

A partir da perspectiva da ordem simbólica — dos valores, do sentido e do desejo —, é impossível aspirar a alguma totalidade. Para além do pensamento da complexidade que coloca em jogo diferentes "visões" e "compreensões" do mundo (convocando diferentes disciplinas e cosmovisões), a complexidade ambiental remete às formas do conhecimento e aos processos de apropriação cognoscitiva do real, que ao mesmo tempo constroem, transformam e destroem a realidade. A complexidade ambiental é o espaço onde convergem diferentes olhares e linguagens sobre o real, que se constroem por intermédio de epistemologias, racionalidades e imaginários, isto é, pela re-flexão do pensamento sobre a natureza.

Se o que caracteriza o ser humano é sua relação com o saber, a complexidade não se reduz ao reflexo de uma realidade complexa no pensamento. Pensar a complexidade ambiental não se limita à compreensão de uma evolução "natural" da matéria e do homem para o mundo tecnificado, ao devir do mundo pela auto-organização da matéria que avança em direção à emergência de uma consciência ambiental. A história é produto da intervenção do pensamento no mundo. Só assim é possível dar o salto para fora do ecologismo naturalista e situar-se no campo da ecologia política para compreender o ambientalismo como uma política do conhecimento que se realiza no campo do poder no saber ambiental e dentro de um projeto de reconstrução social guiado por uma política da diferença e por uma ética da outridade.

O ambiente, como marca de uma crise de civilização, leva a interrogar as causas da insustentabilidade atual e as perspectivas de um futuro sustentável possível. Isso levaria à construção de uma racionalidade alternativa, fora do campo da metafísica e da ciência moderna que produziram um mundo insustentável. Essa nova racionalidade não surge da razão para se abrigar no pensamento; a racionalidade ambiental é forjada pela reconstituição das identidades pessoais, grupais e culturais, através do saber, e pela construção de um futuro sustentável através do encontro com o Outro. A racionalidade ambiental traz em si uma reapropriação do mundo a partir do ser e no ser. O saber ambiental revive a questão das lutas sociais pela apropriação da natureza e a gestão de seus modos de vida; do ser no tempo e o conhecer na história; do poder no saber e a vontade de poder que é um querer saber.

A problemática ambiental vem questionar o pensamento e o entendimento do mundo, a ontologia e a epistemologia com as quais a civilização ocidental compreendeu o ser, os entes e as coisas; a ciência e a razão tecnológica com as quais se dominou a natureza e se economificou o mundo moderno. Da complexidade ambiental emerge um novo entendimento do mundo, incorporando o limite do real, a incompletude do ser e a impossível totalização do conhecimento. No pensamento da complexidade ambiental, o caos, a incerteza e o risco são, ao mesmo tempo, efeito da aplicação do conhecimento que pretendia anulá-los, e condição intrínseca do ser e do saber.

No conhecimento do mundo — sobre o ser e as coisas, sobre suas essências e atributos, sobre suas leis e sua existência —, em toda essa tematização ontológica e epistemológica, estão subjacentes noções que deram fundamento ao conhecimento enraizando-se nos saberes culturais e pessoais. Nesse sentido, apreender a complexidade ambiental implica um processo de desconstrução do pensado para pensar o *por pensar*, para desentranhar o mais entranhável dos nossos saberes e para dar curso ao inédito, arriscando-nos a deixar cair nossas últimas certezas e a questionar o edifício da ciência e as formas dominantes de conhecimento. Implica saber que o caminho no qual vamos acelerando o passo é uma corrida desenfreada para um abismo inevitável. A partir dessa compreensão das causas epistemológicas da crise ambiental, a racionalidade ambiental refundamenta o saber sobre o mundo em que vivemos, a partir do pensado na história e do desejo de vida que se projeta para a construção de futuros inéditos através do pensamento e da ação social.

O estruturalismo estabelecia um determinismo sistêmico na natureza e na história, no sujeito e em sua consciência. A derrocada de todo determinismo e de toda certeza faz renascer o pensamento utópico e a vontade da liberdade, não como um retorno à subjetividade e à liberdade do indivíduo fora das restrições do real e da ordem simbólica, ou no vazio histórico de uma pós-modernidade sem referentes nem sentidos, mas como uma nova racionalidade onde se fundem o rigor da razão e a desmedida do desejo, a razão e os valores, o pensamento e a sensualidade. A racionalidade ambiental nasce da erotização do mundo através do saber, levando à transgressão da ordem estabelecida que impõe a proibição de ser. Esse saber, que sempre foi atravessado pela incompletude do ser, pervertido pelo poder do saber e mobilizado pela relação com o Outro, desde o limite da existência e do entendimento, desde a condição humana na diferença e na outridade, renova o pensamento para apreender a complexidade ambiental; e nesse processo cria seus mundos de vida e constrói novas realidades.

Pensar a complexidade ambiental abre um novo debate entre necessidade e liberdade, entre o acaso e a lei. É a reabertura da história como complexificação do mundo, a partir do potencial ambiental para a construção de um futuro sustentável. É o resgate e a invenção de um ser não totalitário que não apenas é mais que a soma das suas partes, mas que, para além do real existente, numa trama de relações de outridade, se abre para a fecundidade do infinito, para o porvir, para o que ainda não é. Por esta via, a epistemologia ambiental combate o totalitarismo da globalização econômica, da unidade do conhecimento e da universalidade da razão.

A complexidade ambiental leva a pensar a dialética social numa perspectiva não essencialista, não positivista, não objetivista; não para cair num relativismo ontológico, mas para pensar a diferença a partir do ser no mundo pela via do saber. A dialética da complexidade ambiental desloca-se do terreno ontológico e metodológico para um campo da ética política e dos interesses antagônicos pela apropriação da natureza; um campo onde qualquer totalidade é concebida como um conjunto de relações de poder constituído por valores e sentidos diferenciados.

O campo discursivo da sustentabilidade não emerge do desenvolvimento do conhecimento, mas como efeito do limite do crescimento econômico: da racionalidade econômica, científica e instrumental que objetiva o mundo e domina a natureza. Das margens da racionalidade dominante, surge o ambiente como a falta de conhecimento (falta em ser) que impulsiona as posições diferenciadas pela apropriação da natureza (do mundo) no campo conflituoso do desenvolvimento sustentável. Porém, este campo discursivo que compreende o real e as identidades culturais fora de toda essência não se estabelece por um jogo de linguagens sem ancoragem no real. Os sentidos diferenciados da natureza a ser apropriada são forjados dentro de contextos ecológicos, geográficos, culturais, econômicos e políticos específicos. Nesse sentido, as leis-limite da natureza e da cultura, as categorias de território, de hábitat, de autonomia, estabelecem o vínculo entre o real e simbólico na reinvenção de identidades coletivas e a constituição de novos atores sociais que configuram estratégias diferenciadas de apropriação da natureza e construção de mundos de vida.

A transcendência para um futuro sustentável não aparece como a retotalização do mundo numa consciência emergente, como finalidade do uno, mas como fecundidade do mundo a partir da disjunção do ser e do encontro com o outro. Dialética que transcende toda síntese hegeliana do uno desdobrando-se no seu contrário para se reencontrar no uno mesmo, na unidade da ciência ou na ideia absoluta. A transcendência do saber ambiental é a fecundidade do Outro, como produtividade da complexidade, antagonismo de interesses e ressignificação do mundo diante dos desafios da sustentabilidade, da equidade e da democracia.

A emergência da complexidade ambiental abre o mundo para um reposicionamento do ser através do saber. O saber ambiental rompe com a dicotomia entre sujeito e objeto do conhecimento para reconhecer as potencialidades do real e para incorporar valores e significações no saber que reside em novas identidades culturais. O saber ambiental projeta-se para o infinito do impensado — do por pensar — reconstituindo identidades diferenciadas em vias antagônicas de reapropriação do mundo e da natureza. A complexidade ambiental gera o inédito no encontro com o Outro, no entrelaçamento de seres diferentes e na diversificação de identidades culturais.

Abre-se assim um diálogo de saberes e uma hibridação entre ciências, tecnologias e saberes populares que atravessam o discurso e as políticas do desenvolvimento sustentável. O saber ambiental abre um novo campo de nexos interdisciplinares entre as ciências e um diálogo de saberes; é a hibridação entre uma ciência objetivadora e um saber que condensa os sentidos que têm sido forjados no ser cultural através do tempo no qual se forja a história dos povos. O saber ambiental desloca o corpo rígido e o sentido unívoco do discurso científico, olha para os horizontes invisíveis da ciência, abre os caminhos do impensável da racionalidade modernizadora e faz escutar as novas rimas e harmonias que surgem da poesia da palavra e da música do mundo, no diálogo de saberes.

O diálogo de saberes emerge no cruzamento de identidades na complexidade ambiental. É a abertura do ser constituído por sua história, para o inédito, o impensado; para uma utopia enraizada no ser e no real, construída desde os potenciais da natureza e os sentidos da cultura. O ser, para além de sua condição existencial geral, penetra no sentido das identidades coletivas que se constituem na diversidade cultural e numa política da diferença, mobilizando os atores sociais através dos sentidos diferenciados e muitas vezes antagônicos da sustentabilidade, para a construção de estratégias alternativas de reapropriação da natureza.

A epistemologia ambiental faz-se assim solidária de uma política do ser e da diferença. Esta política fundamenta-se no direito de ser diferente, no direito à autonomia, em sua defesa diante da ordem econômico-ecológica globalizada, de sua unidade dominadora e sua igualdade inequitativa. O direito a um ser próprio e coletivo que reconhece seu passado e projeta seu futuro; que reconhece sua natureza e restabelece seu território; que recupera o saber e a fala para se situar a partir de seu lugar e dizer sua palavra dentro do discurso e das estratégias da sustentabilidade. Para construir sua verdade a partir de um campo de diferenças e autonomias que se entrelaçam num diálogo entre identidades coletivas diversas.

A compreensão do ser no saber, a compenetração das identidades nas culturas, incorpora um princípio ético que se traduz num guia pedagógico; para além da racionalidade dialógica, da dialética da fala e da escuta, da disposição de compreender e "colocar-se no lugar do outro", a hibridação de identidades implica a internalização do outro no uno, num jogo de mesmidades que introjetam outridades sem renunciar a seu ser individual e coletivo. A constituição de identidades híbridas não é sua diluição na entropia do intercâmbio subjetivo e comunicativo, mas a afirmação de seus processos de reinvenção cultural e de seus sentidos diferenciados.

Levinas propõe que a relação por excelência que recupera o ser das coisas e abre a história para o futuro não é um discurso sobre o Ser nem uma relação complexa do conhecimento com a realidade complexa, do eu com as coisas do mundo, mas o encontro do eu com o outro, de um diálogo que não se dirige ao eu com um "isso" (onde o ambiente é reduzido a uma coisa), e sim de um eu que se dirige a um você, um você que é outro, irredutível ao eu e ao próprio uno. A relação por excelência é um diálogo entre seres, que é um diálogo de saberes, sempre que o "ser-ali" se constitui em sua identidade com um saber.

Por isso, embora a perspectiva levinasiana do ser no mundo faça predominar a ética sobre a ontologia, surge a pergunta sobre a forma como a ética do face a face e da outridade circunscreve, contém e orienta o saber tanto quanto o saber constitui o ser e tanto quanto o ser, afirmado em sua identidade e em seu saber, produz conhecimentos que abrem e fecham a história, que constroem e destroem o mundo onde habita esse eu que se encontra face a face com seu próximo, com seu Outro. Pois o futuro sustentável dependerá do triunfo da ética sobre a metafísica que postula o uno e o objeto, mas também do reconhecimento do Ambiente como o outro, o absolutamente outro de todo sistema, que abre o conhecimento que se encerra no dualismo representativo para a infinita alteridade do real e do simbólico que lança a aventura do conhecimento.

A epistemologia ambiental abre-se assim para o horizonte da outridade. Não se trata, portanto, de uma virada da ontologia e da epistemologia, saturadas da relação de objetividade entre o eu e o isso, entre o conceito e a coisa, para viver na emancipação do conhecimento através do primado da relação ética do eu-você. A racionalidade ambiental é forjada nesta relação de *outridade*, na qual o encontro entre seres diferentes se internaliza na outridade do saber e do conhecimento, ali onde a complexidade ambiental emerge como uma rede de relações de alteridade (não sistematizáveis) entre o real e o simbólico, onde o ser e sua identidade se reconfiguram na diversidade e na diferença, e onde se abrem para um além do pensável, guiados pelo desejo insaciável de saber e de justiça.

2

O eterno retorno:
re-flexão da epistemologia ambiental

A aventura oceânica que empreendemos, circum-navegando os cinco mares sulcados pela epistemologia ambiental, despertou uma inquietude marinha: a justificação da consistência do pensamento plasmado em diferentes momentos de reflexão, nos saltos epistêmicos e na transição que partem de seus fundamentos no estruturalismo teórico e no racionalismo crítico de seus primórdios, até o pensamento pós-estruturalista e pós-moderno do final de seu percurso; da coerência entre a epistemologia althusseriana aplicada à articulação das ciências, as estratégias do poder no saber ambiental fundamentadas na arqueologia do saber de Michel Foucault, o conceito de racionalidade de Max Weber, a ontologia existencial de Martin Heidegger, a ética da outridade de Emmanuel Levinas e o pensamento desconstrucionista de Jacques Derrida.

Na primeira parte, abordamos a exteriorização contínua (descontínua) do ambiente no trajeto seguido por essa epistemologia ambiental. Embora ali se descortine o cenário de cada uma das órbitas desse percurso e se exponham seus saltos e transições, não se explicita a coerência desse pensamento: o "abandono" do estruturalismo marxista de meus primeiros escritos; minha irreverência diante das teorias de sistemas e do pensamento da complexidade; minha inclinação para a política do saber, minha atração pela sociologia weberiana, minha sedução pelo pensamento pós-moderno; e até minha possível queda no ecletismo teórico. Se retomo o tema, não é para me justificar diante das possíveis críticas que esta abordagem suscitou ou poderia ter suscitado. A coerência do saber e da racionalidade ambiental é uma questão ineludível para a epistemologia ambiental: a de se pensar criticamente. O eterno retorno do pensamento sobre o já pensado impulsiona a re-flexão da epistemologia ambiental.

Meu livro *Epistemologia ambiental* é constituído por textos que foram escritos durante um período de 20 anos. Ao reuni-los em um volume, tomei a decisão de não reformulá-los, atualizá-los ou complementá-los, de não apagar sua própria história como momentos datados de escrita e expressão de um pensamento que não visa completar-se, e sim manter-se vivo, abrindo caminho a partir do que ainda precisava ser pensado em cada uma de suas etapas. Desse modo, falta fazer uma reflexão sobre a coerência das aventuras e desventuras da odisseia do saber ambiental através de seus saltos epistêmicos. Esta é uma tarefa obrigatória, sobretudo quando nossas referências no estudo da história do conhecimento são Bachelard, Canguilhem, Althusser, Foucault e Kuhn, autores que, em sua "física quântica" da ciência, mostraram que o conhecimento não avança em uma evolução contínua, mas por rupturas epistemológicas e mudanças de paradigmas. Assim como se esquadrinhou o fio que une a física mecânica à física quântica ou à física relativista, ou o evolucionismo à mutação genética, perguntamo-nos se entre os círculos de exteriorização do saber ambiental existe ruptura ou continuidade, extensão lógica de um método de pensamento e uma linha teórica, ou a abertura para uma nova compreensão que anularia ou superaria o valor epistemológico da abordagem anterior.

Os saltos e deslocamentos seguidos por este itinerário estão unidos mais por um espírito de indagação que por um método de produção de conhecimentos. Poderíamos afirmar que em sua coerência subjaz uma co-herança mais que uma ana-logia, no sentido da consistência do espírito crítico que se transmite e se incorpora no tecido vital do novo círculo de reflexão que emerge da visão complexa do concreto como síntese de múltiplas determinações de Marx ao estruturalismo crítico; entre a ideia de totalidade complexa de Lukács e a complexa ordem de racionalidade no todo social de Weber; da dissociação entre o ente e o ser de Heidegger à *diferença* de Derrida e à *outridade* de Levinas. Co-herança na crítica ao pensamento metafísico, científico e sistêmico que herda e funda a modernidade, e que antecede a manifestação da crise ambiental como crise do conhecimento.[1] A coerência reside mais na postura teórica desse questionamento, a partir de fora do pensamento estabelecido, que em um "modo de pensar", que certamente não poderia ser identificado com o pensamento complexo no qual diferentes ordens teóricas, paradigmas científicos e esferas de racionalidade se vinculam e se entrelaçam através de um sistema de convergências, inter-relações e retroalimentações. Essa coerência se verifica por uma via hermenêutica que atualiza e ressignifica o sentido das ideias, conceitos e proposições de diferentes doutrinas de pensamento que atravessam os tempos da reflexão filosófica.

---

1. Desta maneira, Nietzsche, refletindo sobre a condição de seu mundo e de seu tempo, teria exclamado: "o deserto cresce". Um século mais tarde, esta intuição precursora do ecologismo tornou-se visível.

O recurso à metáfora pode ser útil para compreender essa busca teórica. E talvez a analogia da concepção do átomo na física quântica possa prestar um bom serviço epistemológico. A primeira órbita é a de menor energia, mas a mais próxima do núcleo positivista em torno do qual gira o saber ambiental. Nesse sentido, a epistemologia althusseriana permite uma crítica mais próxima do pensamento científico com as ferramentas do pensamento pretensamente concreto, objetivo e científico oferecidas pelo estruturalismo teórico. Mas o espírito crítico dessa investigação epistemológica chega a um limite de compreensão que impulsiona o pensamento ambiental para novas órbitas de reflexão.

O saber ambiental que emerge da crise da racionalidade do mundo moderno se plasma no espaço de exterioridade do pensamento metafísico e do conhecimento científico que procuram abarcá-lo e atraí-lo para seu centro de gravidade. Essa foi a vontade das teorias de sistemas, dos métodos interdisciplinares e das ciências da complexidade que surgem nesta encruzilhada do pensamento científico. No entanto, o saber ambiental é expulso do núcleo da racionalidade científica por uma força centrífuga que o impulsiona para fora, que o impede de se fundir no núcleo sólido das ciências duras e objetivas, de se subsumir em um saber de fundo, de se engrenar no círculo das ciências e de se dissolver em uma reintegração interdisciplinar de conhecimentos. O saber ambiental está em fuga; mantém-se em um contínuo processo de demarcação, deslindamento, disjunção, desconstrução e diferenciação do conhecimento verdadeiro e do saber consabido, deslocando-se para a exterioridade dos paradigmas estabelecidos, libertando-se do propósito totalitário de todo pensamento global e unificado.

Esta é a vocação do saber ambiental que une as diferentes órbitas de sua investigação epistemológica.

O saber ambiental se mantém nesse espaço exterior ao núcleo das ciências. Esta vontade de exteriorização permanente se dá em um processo de demarcações sucessivas. A renúncia ao fechamento dogmático, ao conformismo do pensamento e à finalização do saber é o fio condutor desta epistemologia ambiental, o que permite extraditar o pensado em cada momento e abrir as portas do pensamento para novos horizontes do saber, para o que falta pensar em sua tarefa de investigação, sabendo que não existe retorno ao porto originário e que nunca terminará de sulcar os mares do conhecimento e do saber.

Contudo, a coerência do pensamento ambiental não se satisfaz com seu contínuo processo de exteriorização e sua eterna vigilância epistemológica sobre a complacência de um conhecimento fechado em si mesmo. Sua consistência terá de se confirmar no sentido argumentativo de suas formações discursivas em cada uma de suas fases de pensamento: no racionalismo crítico aplicado ao estudo da interdisciplinaridade e na articulação das ciências no campo do saber ambiental; nas estratégias do poder no saber que se inscrevem nas formações discursivas e teóricas no campo da ecologia política; no encontro de diferentes racionalidades, valores e sentidos; no pensamento da complexidade e na configuração de entes e identidades híbridos; nas relações de outridade e no diálogo de saberes em uma dialética da outridade e em uma política da diferença.

Será preciso, portanto, esclarecer a coerência desta epistemologia ambiental em evolução, onde cada temática vai se desvinculando, se desdobrando e se deslocando para novos campos de reflexão pelas perguntas geradas por seu pensamento ao final de cada etapa, abrindo-se para novos horizontes em resposta à pulsão epistemofílica que o anima, às pulsações que batem no coração de seu pensamento e no sangue dos textos. O ambiente como saber, fogo ardente desta reflexão, lança o pensamento em sua força centrífuga para fora da centralidade das ciências e de seus objetos empíricos de estudo. O avanço do saber ambiental, a partir do espaço de exterioridade que ocupa perante a racionalidade científica, vai descobrindo novos veios de reflexão e abrindo caminho ao caminhar. Ao mesmo tempo, o discurso ambiental vai adquirindo novas formas de expressão no diálogo que estabelece com outros autores, com outras categorias filosóficas e outros jogos de linguagem.

São esses fios invisíveis, que unem o tecido discursivo dos diferentes capítulos, que dão ao livro sua consistência teórica como proposta integrada, e não apenas como um compêndio de fases e facetas sucessivas de um pensamento. A pergunta pela coerência desta epistemologia leva a pensar nos ramos que unem os troncos do estruturalismo teórico e do racionalismo crítico aplicados ao conhecimento no campo ambiental emergente nos anos 1970 (a teoria de sistemas, a problemática da interdisciplinaridade, a articulação das ciências e o pensamento da complexidade), com as estratégias de poder no saber dentro do discurso e da geopolítica do desenvolvimento sustentável; com a reflexão sobre os saberes culturais e a significação da natureza, sobre a complexidade ambiental e a emergência de entes híbridos — de vida, tecnologia e símbolos —; com a reinvenção das identidades, a ética da outridade e a política da diferença. Essa investigação transcende a tradição filosófica, epistemológica, gnosiológica e ética: abre a reflexão sobre a relação do ser com o saber, sobre o diálogo de saberes a partir de seres culturalmente diferenciados e da constituição de atores sociais na reapropriação social da natureza.

É nesse vasto campo de solidariedades e demarcações teóricas que se propõe a pergunta sobre a relação entre a epistemologia de Althusser e Canguilhem, a ontologia de Heidegger e a ética de Levinas, passando pelo pensamento sociológico de Weber, pela arqueologia do saber de Foucault, e pela filosofia pós-moderna inaugurada por Nietzsche e continuada por Derrida, Deleuze, Guattari e Baudrillard. Como entender a coerência do vínculo e articulação dessas construções teóricas que no campo do pensamento filosófico aparecem como rupturas epistemológicas, revoluções científicas e posições teóricas e ideológicas irreconciliáveis?

Esta é a provocação que propõem as aventuras e desventuras desta epistemologia ambiental: a odisseia de um pensamento que, saindo do porto do racionalismo crítico, se vê impelido a navegar, levado por sua vontade de saber, para novos horizontes onde o pensamento metafísico e o *logos* científico — todo pensamento naturalista, ecologista, sistêmico — se desvanece para dar lugar à construção de uma nova racionalidade social.

A mudança civilizatória anunciada pela crise ambiental dos anos 1960 coincide com uma mudança epistêmica no campo da filosofia, da ciência e do saber: a transição do estruturalismo e da racionalidade da modernidade para o ecologismo, o pensamento da complexidade e a filosofia da pós-modernidade. Que pontes se estendem entre esta mudança de época? Que encontros e ligações se produzem entre essas rupturas epistemológicas? Nesta encruzilhada se unem os autores que foram convocados ao campo do pensamento ambiental. Na época em que Althusser publica *Lire le Capital* e *Pour Marx* (1965), Derrida escreve *De la grammatologie* e *L'écriture et la différence* (1967). São os anos em que Foucault publica *Les mots et les choses* (1966) e *L'archéologie du savoir* (1969). Neste apogeu do estruturalismo — no ponto-limite do pensamento da modernidade — se encadeia o nascimento do pensamento pós--moderno precedido por Nietzsche e Heidegger.

O saber ambiental faz Marx dialogar com Heidegger, Althusser com Derrida, Foucault com Levinas, a partir das margens da filosofia e do pensamento estabelecido; questiona o conhecimento a partir de fora do campo de positividade em que se apresenta a coisa, o ente e o fato, a partir da exterioridade do *logos* de onde observa o fechamento de todo pensamento que aspira à unidade, à universalidade e à totalidade: da *episteme* estruturalista e da teoria de sistemas à ontologia de um ser genérico e à ecologia generalizada. O saber ambiental se coloca fora da ideia do uno, do absoluto e da totalidade; do logocentrismo das ciências e das visões sistêmicas do pensamento complexo. Situado nesta extraterritorialidade e ao longo de sua aventura epistemológica, o saber ambiental indaga a partir do pensado e de sua falta de conhecimento, sem se assimilar, se fundir e se dissolver em uma ciência integrada, em um pensamento unitário ou em um paradigma transdisciplinar.

A crise ambiental é uma crise do conhecimento: da dissociação entre o ser e o ente à lógica autocentrada da ciência e ao processo de racionalização da modernidade guiada pelos imperativos da racionalidade econômica e instrumental. O saber que emerge dessa crise, no campo da externalidade das ciências, questiona os paradigmas estabelecidos, abrindo as portas do conhecimento para o saber negado. Desta maneira, o saber ambiental vai derrubando certezas e abrindo raciocínios. A epistemologia ambiental confronta o projeto positivista do conhecimento; revela as estratégias do poder que se entrelaçam nos paradigmas científicos e na racionalidade da modernidade. Esta é a coerência de seu sentido estratégico.

A epistemologia ambiental é uma política do saber. Para além do propósito de internalizar o ambiente da centralidade do conhecimento e do cerco do poder da ciência; para além do acoplamento da teoria e do pensamento com uma realidade dada, o saber ambiental muda as formas de ser no mundo na relação que o ser estabelece com o pensar, com o saber e com o conhecer. É uma epistemologia política da vida e da existência humana.

Com esses princípios como pano de fundo da argumentação, voltemos às etapas deste pensamento ambiental.

A epistemologia ambiental surge no cenário do conhecimento questionando a aspiração das teorias de sistemas e do pensamento holístico à unidade, à totalidade e à integração do conhecimento — através de suas homologias estruturais ou de suas inter-relações ecológico-cibernéticas —, assim como o caráter técnico e pragmático do projeto interdisciplinar. Ao mesmo tempo, apresenta as condições de possibilidade de uma interdisciplinaridade teórica, ou seja, para a articulação dos objetos de conhecimento de duas ou mais ciências, desvinculando-se do empirismo ou do logicismo do conhecimento científico. A partir do racionalismo crítico de Bachelard, Canguilhem e Althusser, expõem-se os obstáculos epistemológicos e as racionalidades teóricas que sustentam os paradigmas do conhecimento, que os impedem de abrir suas portas para internalizar uma "dimensão ambiental" ou de reconfigurar suas disciplinas para constituir um saber holístico, guiado por um método e por um pensamento da complexidade. A epistemologia estruturalista permite mostrar a ficção do projeto interdisciplinar baseado em um pensamento complexo; pois toda ciência e toda disciplina são constituídas por estruturas teóricas e estratégias conceituais (paradigmas) que não se reintegram em um pensamento holístico pela vontade de um método ou de uma equipe interdisciplinar. A "dimensão ambiental" foi se revelando, assim, como um *saber* que responde ao impensado pelas ciências, que, no esquematismo dos enfoques de sistemas, se percebe como uma "externalidade" ao campo de seus paradigmas de conhecimento.

A epistemologia althusseriana estabeleceu as condições teóricas para pensar uma articulação de ciências capaz de oferecer uma explicação mais concreta (síntese de múltiplas determinações) de uma "realidade complexa" na qual confluem diferentes processos materiais e simbólicos, incluindo as causas da crise ambiental gerada como efeito da racionalidade econômica. Ao mesmo tempo, serviu como estratégia teórica para pensar uma nova racionalidade social e produtiva. Partindo das condições epistemológicas propostas por Canguilhem para a construção de um objeto interdisciplinar de conhecimento pela colaboração de diferentes disciplinas e saberes, foi possível apresentar os princípios de uma nova teoria da produção baseada na articulação de processos ecológicos, tecnológicos e culturais e pela contribuição de diferentes disciplinas nos campos da ecologia, da tecnologia e das etnociências. Este paradigma de *produtividade ecotecnológica* contrasta com a racionalidade econômica dominante, que externalizou a natureza do processo de produção e que a desnaturalizou, reduzindo-a a um insumo de produção de recursos naturais e de matérias-primas; desconhecendo tanto a entropia como lei-limite do processo econômico, como o potencial neguentrópico que emerge de uma racionalidade produtiva alternativa: ecologicamente sustentável, culturalmente diversa e socialmente justa.[2]

A epistemologia estruturalista se desvincula de todo empirismo, positivismo e realismo onde a verdade é concebida como identidade, correspondência ou acoplamento do conceito com a realidade; mostra a diferença entre a realidade e o real, entre o objeto real e o objeto de conhecimento; desenha objetos de conhecimento, formula conceitos, e os entrelaça em teorias para dar conta do real. Mas o pensamento estruturalista — como as teorias de sistemas — ainda fica preso no "racionalismo" da teoria; mantém a ilusão de se separar da ideologia com a fundação de uma ciência a partir de uma revolução científica que consegue transcender o domínio das ideologias teóricas que a antecedem e tomam seu lugar da verdade. Já instalada em seu espaço de cientificidade, a teoria se circunscreve dentro de um "todo estruturado já dado" (Althusser), onde o todo pensado, síntese de múltiplas determinações (Marx, Lukács, Kosik), se corresponderia com uma estrutura determinada do real. A complexidade do mundo fenomênico é assim imaginada pelo pensamento complexo.

O limite do racionalismo e do estruturalismo nos levaria para uma nova órbita de reflexão para pensar a teoria como estratégias conceituais e a função do sujeito na mobilização das

---

2. Cf. Enrique Leff. *Ecología y capital*. México: Siglo XXI, 1994. [*Ecologia, capital e cultura: a territorialização da racionalidade ambiental*. Petrópolis: Vozes, 2009.]

teorias pela vontade de saber. Assim, a epistemologia ambiental convocou Michel Foucault com o objetivo de estabelecer uma epistemologia política capaz de pensar as estratégias de poder no saber para "internalizar" o saber ambiental nos paradigmas das ciências e para revelar as estratégias de poder que o discurso do desenvolvimento sustentável põe em jogo. Esta reflexão, nos inícios dos anos 1980, foi a pedra de toque que serviu de fundamento para pensar os problemas do conhecimento a partir de uma perspectiva ambiental.[3]

O conceito de saber de Foucault desloca a política fundada na prática teórica para uma política do saber, para estratégias de poder, onde o sujeito-ator social se vê modificado por seu saber. Para além de ser um objeto de conhecimento ou um objeto teórico interdisciplinar, o ambiente se converte em um objeto de apropriação social, gerando estratégias discursivas e significações culturais que entram no debate pela sustentabilidade, que se inter-relacionam com os efeitos de conhecimento das ciências. A problemática da interdisciplinaridade se desloca para as estratégias de poder no saber que se desenvolvem nas formações teóricas e discursivas que se configuram no campo da ecologia política. A interdisciplinaridade se abre para uma disputa de sentidos e para um diálogo de saberes no encontro de visões e interesses nos processos de reapropriação social da natureza.

A epistemologia ambiental renova a dialética entre a reflexão teórica e a ação social na construção e transformação da realidade; convoca diferentes disciplinas, põe em jogo diferentes

---

3. Cf. Enrique Leff. *Los problemas del conocimiento y la perspectiva ambiental del desarrollo*. México: Siglo XXI, 1986/2000.

visões de mundo e produz uma mudança na representação da realidade. O saber ambiental deixa ver as formas como o conhecimento — do projeto epistemológico cujo método pretende apreender racionalmente o real — acaba construindo, destruindo e transformando o próprio real e a própria realidade. A complexidade ambiental não apenas integra as diferentes epistemologias, racionalidades, imaginários e linguagens que ali convergem, mas se constitui pela reflexão do pensamento sobre o real. A epistemologia ambiental não é uma ecologia da mente: porque, na relação com seu ambiente, o ser humano, como ser simbólico, se afasta de toda norma de comportamento derivada de uma lei natural.

O saber ambiental ultrapassa o campo do conhecimento científico para se inserir na ordem da racionalidade — dos imaginários coletivos, das regras de pensamento, das formações discursivas — que permitem unir os valores e o saber com o pensamento e a razão na orientação da ação social e na constituição de atores políticos. Nesse sentido, a relação do conhecimento, o pensamento e a ação social superam o âmbito do pensamento estruturalista e de uma visão determinista do conhecimento. O debate ambiental se afasta do raciocínio sobre o modo de produção e dos paradigmas do conhecimento para compreender a crise ambiental como uma crise de racionalidade da modernidade. A superação do estruturalismo não leva a recuperar o sujeito (da ciência) e a intersubjetividade — tão suspeitos de ideologia e ilusionismo; tão questionados pelas visões sistêmicas e estruturais que determinam as ideias e as ações sociais acima da consciência do sujeito e de toda racionalidade comunicativa —, mas a construir uma racionalidade ambiental que emerge no campo das estratégias de poder no saber.

A categoria de racionalidade substantiva proposta por Weber vem questionar a jaula de ferro da racionalidade da modernidade para incluir as racionalidades subjugadas, os valores que conduzem a fins, raciocínios e sentimentos diferentes dos estabelecidos pela racionalidade teórica, formal e instrumental. Este seria o ponto de ancoragem de uma racionalidade ambiental que, sem excluir o lugar da racionalidade formal e instrumental na construção da sustentabilidade, questiona seu teoricismo, assim como o determinismo inscrito na racionalidade de fins preestabelecidos e meios eficazes; ao mesmo tempo se fundamenta em valores e significados culturais que abrem caminho para uma diversidade de racionalidades.

A racionalidade ambiental traz novamente para o palco da história o que está além da divisão entre sujeito e estrutura, das regras que orientam e legitimam a ação humana através da norma jurídica construída e aplicada à sociedade pelo Estado. A partir da categoria de racionalidade ambiental se apresenta a pergunta sobre as formas de compreensão do mundo e a constituição do ator social, para olhar a palavra nova que emerge do ser cultural — a partir da diversidade cultural — que abre o círculo concêntrico do logos científico, da racionalidade tecnológica e da razão de Estado; para olhar as relações de poder que se entretecem entre o ser e o saber, entre o pensamento e a ação social, na abertura para a diversidade cultural e sua relação com a natureza.

A dispersão da racionalidade ambiental em um feixe de formas de racionalidade leva a questionar a relação entre o pensamento, a razão, o saber e o ser; a pensar a constituição das identidades dos atores sociais emergentes pela reapropriação da natureza, a olhar o tempo da sustentabilidade a partir da marca do limite no real (entropia), para questionar a história cristalizada em uma realidade constituída por formas ancestrais de conhecimento e abrir a história para a construção de um futuro sustentável a partir dos potenciais do real e da criatividade da cultura, em uma política da diferença e da diversidade cultural. É isso que expandiria o ambiente para um novo patamar de reflexão, ao pensar o ser-aí em sua diversidade cultural. Isso nos levaria a *pensar a complexidade ambiental*,[4] atraindo e fundamentando o pensamento da pós-modernidade na política da diferença na qual se constituem atores sociais com identidades próprias e interesses diferenciados. A epistemologia ambiental alimenta o campo da ecologia política para levá-la a um terreno ético: ao encontro com o Outro que abre o futuro por intermédio da responsabilidade, para além do potencial do real, da evolução da natureza e da produtividade do conhecimento.

São essas as fronteiras que abriram novos horizontes nos quais foram convocados Nietzsche, Heidegger, Levinas, Derrida e Baudrillard para a construção do conceito de racionalidade ambiental. A questão da estrutura e da subjetividade, da teoria e da práxis, do conceito e do real, na qual se plasma o pensamento da modernidade, é substituída por uma reflexão sobre a relação entre o ser, o pensar, o saber, a identidade e a ação. A complexidade ambiental é pensada como a construção social que emerge da reflexão (a intervenção, o efeito, o impacto) do conhecimento sobre o real e sobre a natureza, para além da visão objetiva das ciências da complexidade e da visão ecolo-

---

4. Cf. Enrique Leff. "Pensar a complexidade ambiental". In: *A complexidade ambiental*. São Paulo: Cortez, 2003.

gista do pensamento complexo. A complexidade ambiental emerge da hibridação entre a ordem físico-biológica, tecnológico-econômica e simbólico-cultural. O imaginário da representação, da verdade como correspondência entre o conceito e o real, se desloca para a relação entre o ser e o saber. A identidade quebra o espelho do imaginário metafísico da igualdade, para se configurar em relação com sua história, seus mundos de vida e seus futuros possíveis; na reinvenção de seres individuais e coletivos em confronto com a ordem global hegemônica, em processos de ressignificação e estratégias de reapropriação da natureza.

O diálogo com Derrida atraiu o conceito de *différance* para uma *política da diferença*, na qual se constroem os direitos à autonomia, a ser diferente, a não subsumir a diferença em uma ordem universal e homogênea suprema e dominante. O diálogo com a ética de Levinas desloca a ideia de outridade para um diálogo de saberes. A complexidade ambiental não emerge ali da generatividade da *physis*, mas das relações infinitas que se estabelecem entre o real e o simbólico. A história se abre como um processo de complexificação da vida, condicionada pelo real (a entropia), mas conduzida pela ressignificação do real através da linguagem, de estratégias discursivas e de uma política da diferença, para um mundo sustentável possível mediante a ativação das gramáticas de futuro (Steiner), o encontro de culturas diversas, o diálogo de saberes e de atores sociais diferenciados.

O diálogo de saberes abre uma via de compreensão da realidade a partir de diferentes racionalidades; estabelece um diálogo intercultural a partir das identidades coletivas e dos sentidos subjetivos, que ultrapassa a integração sistêmica de objetos fragmentados do conhecimento. A complexidade ambiental não remete a um todo: nem a uma teoria de sistemas, nem a um pensamento holístico, nem a uma conjunção de olhares multirreferenciados. Abre-se ali a relação do conhecimento com o real para uma nova relação entre o real e o simbólico. Esta é a chave que desloca a prática teórica do estruturalismo para o reposicionamento do ser no mundo em relação com o saber. A interdisciplinaridade se abre para o diálogo de saberes no encontro de identidades constituídas por racionalidades e imaginários que configuram os referentes, os desejos e as vontades que mobilizam os atores sociais para a construção de uma racionalidade ambiental. O diálogo de saberes supera a relação teórica entre os conceitos e os processos materiais e põe em jogo as relações de significação entre o real e o simbólico em uma política da diversidade cultural. O diálogo de saberes abre o campo do possível na construção de um futuro sustentável, não como um consenso sobre um modelo uniforme que conduziria a humanidade a um equilíbrio ecológico, mas como um destino forjado pela produtividade criativa da ressignificação do mundo que emerge das diversas formas de significação cultural da natureza, e do encontro de suas diferenças.

Este é o horizonte para o qual navega a epistemologia ambiental. A exteriorização sem fim do ambiente une as órbitas de sua reflexão — seus saltos quânticos e suas transições — em sua abertura infinita. Em suas demarcações e diferenças teóricas e filosóficas existem laços de solidariedade e condições de possibilidade do pensamento abertos pelo saber ambiental. Desta maneira, a epistemologia althusseriana, que reconhece a especificidade das diferentes ciências e sua relação com diferentes ordens ontológicas do real através da construção de seus objetos de conhecimento, estabelece uma estreita aliança com a revolução ontológica heideggeriana, que opõe a ontologia do ser e a heterogeneidade do real à homogeneidade da realidade empírica e à unidade do logos da ciência positivista. Pois, como afirma Levinas,

> esta diferença ontológica foi mais importante [...] que a tematização do ser. É certo que a diferenciação entre ser e ente sempre foi muito importante. Mas sempre foi mais importante haver diferentes regiões do ser, que não apenas se distinguissem essencialmente, mas que fossem diferentes em seu ser (Levinas, *La huella del otro*, México, Taurus, 2000, p. 106).

Mas o encontro da epistemologia materialista de Althusser com a ontologia existencial de Heidegger inaugura um novo questionamento sobre a relação do ser-ali com a diferença ontológica do ser do mundo, entre as formas de organização material e cultural, do real e do simbólico. A nova epistemologia que emerge da relação entre o pensamento, a linguagem, as formações teóricas e as ordens de racionalidade que configuram diferentes formas de entendimento do mundo não responde apenas a uma — ou a diferentes — formas do ser e do conhecer, mas às diversas formações culturais de um ser-ali não genérico, de onde emerge um diálogo de saberes, no encontro das formas de ser das ordens ontológicas do real e das formas culturais do ser humano.

A filosofia de Nietzsche e a ontologia de Heidegger preparam as condições para desconstruir a unidade do pensamento metafísico e da ciência positivista. Sobre esta base, a partir da especificidade das ciências, o estruturalismo althusseriano pôde fazer frente ao projeto unificador da teoria de sistemas através das homologias estruturais e de suas analogias matemáticas, nas quais se dissolve a diferença ontológica do real e das ciências. No entanto, o estruturalismo manteve o privilégio da relação entre a teoria e os processos materiais na compreensão do mundo. O efeito de conhecimento, derivado da significância que produz uma teoria (diante da ideologia) sobre os processos materiais, permite apreender cognoscitivamente o mundo; mas não esgota os sentidos da existência postos em jogo nas estratégias discursivas e políticas que se abrem a partir da relação do ser e do saber.

Também é possível traçar a linha que une a crítica de Nietzsche à ideia metafísica do Uno e da Unidade, da *ratio* universal, e o reconhecimento da incomensurabilidade dos valores últimos, com a abertura da racionalidade de Weber para uma pluralidade de valores e formas de racionalidade; com a dissociação que Heidegger faz entre o ser e o ente e o princípio de *différance* de Derrida e que se fundamentam na estratégia epistemológica que anima a prática teórica do estruturalismo althusseriano e foucaultiano. A *demarcação teórica* como princípio político na filosofia (Lênin) põe em ação "teórica" a ontologia e a política da diferença ao reconhecer, fundamentar e fundar as diferentes regiões teóricas que dão especificidade às ciências. Assim, Foucault reivindica o valor da diferença na "eficácia do criticismo descontínuo, particular e local", diante do efeito inibidor das *teorias totalitárias* e sua "repugnância em pensar a diferença, em descrever as separações e suas dispersões, em dissociar a forma reafirmadora do idêntico".

Assim se encontram e se unem o estruturalismo teórico com a desconstrução do logos e a crítica ao pensamento unitário e totalitário na transição entre o pensamento da modernidade e a filosofia da pós-modernidade na qual vem ao mundo a complexidade ambiental. Heidegger inaugura um olhar não essencialista sobre a diversidade ontológica do ser; para além de uma compreensão sistêmica das relações entre objetos e processos, o ser-aí dirige o olhar para as formas do ser no mundo, o que estabelece outro caminho para o futuro para além da evolução da natureza; para além da "transcendência" do mundo atual pensado pela lógica dialética do materialismo histórico ou pela intencionalidade do sujeito da fenomenologia. Para além da volta ao ser a partir de sua dissociação com o ente (Heidegger), a racionalidade ambiental reconhece diferentes regiões do ser, que não apenas se distinguem em suas essências, mas que constituem diferentes formas culturais do ser; um ser que desdobra a generalidade do ser para a morte, em uma multiplicidade do ser que abre a história para um *além da morte* na proliferação de significações culturais da natureza e de seus mundos de vida.

Levinas abandona a ideia da transcendência como relação da consciência e do pensamento com o real imanente, pois a relação entre Eu e o Outro não é um saber; é um reconhecimento do outro que não implica nem possibilita nenhum conhecimento. É uma relação ética antes que uma relação ontológica e epistemológica. É o salto da ontologia para "outro modo de ser". E, contudo, esta relação ética, esta relação outridade "para além do Ser" — a superação da metafísica, do empirismo e do idealismo, do realismo e do cientificismo, do imanentismo e da transcendência —, não poderia fundar e garantir o bem como uma ética isolada de uma compreensão renovada do mundo, do real, do saber, da razão. A crise do mundo é uma crise moral e do conhecimento que apela para a ética, que põe em jogo um processo estratégico de reapropriação do mundo e da natureza que reativa a relação do real, do simbólico e do imaginário. O *Ambiente* aparece como o *absolutamente Outro* nesta desconstrução da racionalidade estabelecida: é ao mesmo tempo o Outro do ôntico, do real, do mais além do ser; e o Outro como o impensado do conhecimento, da epistemologia, da ciência e do saber.

A relação entre o simbólico e o real estende e articula as relações de outridade para além do encontro do eu-tu, em uma oposição do Mesmo e do Outro e na epifania do rosto. Este jogo de outridades se transfere para um diálogo de saberes, entendido como um encontro de seres (constituídos por seus saberes) na heterogeneidade ontológica do ser e na diversidade cultural do ser-aí; tanto na desconstrução da ideia absoluta, do real imanente, do *logocentrismo* e do círculo positivista das ciências, como no face a face que transcende a generalidade do ser-ali como "ser para a morte"; mas que também se abre para a nudez do encontro do próximo como um Outro, para além da violência que exerce a justiça codificada pelo direito positivo, individual e universal. O encontro face a face estabelece uma relação ética. Não é um jogo de espelhos nem um baile de máscaras que encobre interesses conflitantes inefáveis. É o olhar de frente que desmascara e desconstrói as estratégias discursivas e as formas de poder que silenciam e eludem um ser diverso, para deixar falar as razões e os sentimentos de seres diferenciados por suas identidades, suas culturas, seus mundos de vida.

Até este porto chega a odisseia da epistemologia ambiental, a partir da vontade de exteriorização do saber ambiental e de sua pulsão por saber. A união de suas órbitas não deve ser lida como uma sucessão de textos que "olham" um mesmo objeto, e sim como momentos sucessivos de problematização do conhecimento, onde as fronteiras a que chega sua investigação abrem novas perguntas e novos horizontes do pensamento e do saber. Se a epistemologia da tradição ocidental é mobilizada pela força centrípeta do princípio da razão universal para um núcleo originário do saber que produz as mutações do conhecimento, a epistemologia ambiental é impulsionada por uma força centrífuga. Não a do Iluminismo da razão, mas a que emerge da pulsão interna de saber, que busca a luz que está no horizonte, além do ser, do conhecimento, do já pensado, para chegar *ao que ainda não é*.

A coerência desta aventura epistemológica não reside em sua unidade temática, mas no lugar do saber ambiental, em sua postura indeclinável diante do fechamento totalitário da razão, do dogmatismo doutrinário, de um paradigma do conhecimento, de um saber consabido. É isso que vincula e dá consistência ao trajeto que vai do racionalismo crítico e do estruturalismo teórico à ontologia de Heidegger, ao pensamento pós-moderno e à hermenêutica; ao deslocamento da relação entre a teoria e o real para a relação do ser com o pensar, do saber com a identidade; à desconstrução do logos científico e da razão universal pela política da diversidade e da diferença, da pluralidade de valores e racionalidades; à ética que desloca a questão do ser e do conhecer para a construção do futuro pelo diálogo de saberes e pela criatividade do encontro com o Outro.

Desta maneira, a coerência desta aventura epistemológica surgirá do confronto entre a consistência das argumentações de cada uma de suas órbitas de reflexão e das possíveis contradições entre seus saltos quânticos. Mas essas camadas epistêmicas que vão sendo reveladas não respondem a uma nova dialética que pouco a pouco vai iluminando seu objeto de conhecimento. O pensamento dialético e o princípio de contradição são repensados a partir do pensamento da pós-modernidade e da racionalidade ambiental. Estas categorias tampouco são princípios inalteráveis à passagem da história das ideias. O pensamento dialético aparece, assim, como um tema privilegiado para a análise das transições entre a racionalidade científica da modernidade, a filosofia da pós-modernidade e o pensamento da complexidade — entre dialética e complexidade; entre estruturalismo e pós-estruturalismo — na perspectiva da racionalidade ambiental, para além do pensamento sistêmico e ecológico, abrindo a temática da interdisciplinaridade, da totalidade dialética e da contradição sistêmica, rumo ao diálogo de saberes.

3

Do pensamento dialético ao diálogo de saberes:

contradição, diferença e outridade na transição da modernidade para a pós-modernidade

Para além da contradição ecológica do capital

Transcorridas três décadas desde o surgimento do pensamento ecossocialista, chegou o momento de repensar as "contradições" entre ecologia e capital.[1] Desde então, diferentes conceitos, terminologias e linguagem foram criados dentro das estratégias discursivas do desenvolvimento sustentável/sustenível, para designar o encontro — compatibilidades e incompatibilidades — entre estas duas ordens diferenciadas do ser: da ordem econômica e dos sistemas ecológicos; da racionalidade econômica e das leis da natureza.

Neste espaço de análise sobre as analogias, compatibilidades, demarcações e transições do pensamento da modernidade para o pensamento da pós-modernidade, para além do interesse de abordar as novas expressões da crise ambiental e dos crescentes custos ecológicos do capitalismo — da insolúvel contradição entre ecologia e capital e da intrínseca contradição de insustentabilidade da racionalidade econômica como para-

---

1. Cf. E. Leff. "Ecología y capital". Antropología y marxismo, México, n. 3, 1980; e *Ecología y capital. Hacia una perspectiva ambiental del desarrollo*. México: Unam, 1986.

digma teórico e institucional —, interessa destacar o problema teórico — e os efeitos políticos — que surgem ao se designar e classificar esse confronto de racionalidades em termos de uma "contradição". Daí surge a seguinte pergunta: O pensamento dialético é suficiente para apreender a raiz, as causas e o núcleo da insustentabilidade do capitalismo; para analisar, entender e resolver os conflitos socioambientais e as lutas entre classes sociais e grupos de interesses nos processos de apropriação sociocultural da natureza, e para orientar a construção social de um futuro sustentável?

Se pensamos dentro do âmbito conceitual do marxismo (do materialismo histórico e do materialismo dialético), é "natural" expressar essas incompatibilidades e conflitos em termos de "contradições". De fato, a contradição converteu-se em uma categoria ontológica e epistemológica, em um método e em uma palavra-chave para apreender a essência dos processos sociais. O pensamento dialético não apenas se estendeu para o mundo natural, mas as contradições na ordem do pensamento e dos processos sociais chegaram a abarcar todo tipo de diferenças e oposições — até mesmo de ambiguidades e paradoxos —, quase tudo aquilo que não se mostrasse em harmonia com uma unidade homogênea, lógica e transparente, capaz de superar a contradição como princípio inerente e constitutivo do ser do mundo.

Além dos antigos e dos renovados debates no campo do materialismo histórico e da dialética da natureza, o capitalismo instaurou e institucionalizou uma racionalidade *antinatura* que inflige seus custos na natureza e incrementa a produção de entropia, induzindo à degradação dos ecossistemas e do ambiente. É possível resolver essas "contradições" dentro de um pensamento e um sistema ecossocialista que considera a natureza como um conjunto de processos que estabelecem as condições da produção capitalista, para conseguir internalizar os custos ecológicos e chegar a uma correta valorização do ambiente?

A coerência entre a dialética marxista e a racionalidade ambiental consiste nessa transição do pensamento dialético, ainda caracterizado por uma visão "materialista" e "objetiva" da realidade e da verdade histórica, para a difícil união entre a dialética e a complexidade no campo conflitivo da ecologia política. A política da diferença e a ética da outridade transcendem o espaço teórico e prático do materialismo dialético e da dialética (ecologizada) da natureza, para chegar a compreender as relações entre ecologia, cultura e produção na construção de sociedades sustentáveis, equitativas e justas, dentro de uma nova ordem mundial e na perspectiva da racionalidade ambiental.

Natureza e ecologia como segunda contradição do capital

O socialismo ecológico abre o materialismo histórico para pensar a história dentro de uma dialética que se complexifica ao unir o princípio da contradição social com a contradição na natureza. Na análise da contradição do capital, esta conexão da ordem histórica e natural não aparece como uma ontologia geral regida pelos princípios da dialética. O socialismo ecológico "descobre" uma segunda contradição do capital, e a define como aquela que se estabelece entre a primeira contradição — entre as relações capitalistas de produção e as forças produtivas — e as condições da produção.[2] Esta "segunda contradição do capital" levou a repensar a primeira contradição formulada como a relação dialética entre as relações sociais de produção e o desenvolvimento das forças produtivas. A "primeira contradição" localizada dentro do próprio processo produtivo (o qual de maneira inevitável, mas nem sempre explícita, levou a pensar a transição para o socialismo e iniciou o debate sobre a "parte" dominante e determinante de tal contradição, tanto o desenvolvimento das forças produtivas quanto a mudança das relações sociais de produção) sempre foi construída sobre a *contradição fundamental*, aquela que estabelece o modo de produção capitalista como uma relação de exploração da força de trabalho pelo capital.[3]

A segunda contradição foi estabelecida entre a primeira contradição e as condições sociais da produção, ou seja, daquelas condições que não são produzidas de forma capitalista (e sim pela própria natureza e pela intervenção do Estado), mas oferecem as condições para que a produção capitalista opere. A segunda contradição foi pensada para inscrever a natureza na perspectiva da reestruturação das condições da produção e das relações sociais no capitalismo induzida pela crise ambiental, mas não para encarar as contradições depois que o capita-

---

2. J. O'Connor. *Causas naturales*. México: Siglo XXI, 1998. p. 164.

3. Claramente, o princípio dialético sobre a substituição de quantidade por qualidade não se aplica à solução desta contradição: as crescentes e novas contradições geradas pela acumulação de capital e pela globalização econômica não transformarão a matéria líquida do capitalismo em sua era neoliberal em um novo estado gasoso que expanda as moléculas da dialética ecológica da natureza para um estado ecossocialista.

lismo se ecologizasse, depois que internalizasse essas condições emergentes.

Além dessa revisão ecológica do marxismo tradicional nos anos 1980, para incorporar a natureza nas condições sociais da produção e para ressaltar a segunda contradição como resposta à crise ambiental, os problemas emergentes no mais recente desenvolvimento do capitalismo tornam necessária esta revisão conceitual para pensar o funcionamento do capitalismo diante da natureza e a superação do capitalismo diante da crise ambiental. Entre essas questões, sobressaem a capitalização da natureza e a privatização dos "bens e serviços ambientais" — privatização da água e dos recursos genéticos que levam a privatizar as bacias hidrográficas e finalmente a vida no planeta. Quando esses bens naturais deixam de ser estritamente naturais, ao ser controlados e apropriados pelo capital tecnologizado, as condições sociais da produção se deslocam para suas contradições mais essenciais e extremas, ou seja, entre a racionalidade econômica e as leis intrínsecas da natureza (entropia) — que está na base da apropriação destrutiva da natureza gerada pela própria racionalidade econômica —, e não apenas pela apropriação improdutiva do capital. Pois o problema não é somente o fato de que as "as barreiras naturais sejam barreiras produzidas pelo próprio capital", com as quais o capital se limita a si mesmo ao destruir suas próprias condições sociais e ambientais, incrementando os custos e gastos do capital, afetando a capacidade do capital para produzir lucros e ameaçando a criação de uma crise econômica[4]. O problema é saber se essa contradição seria resolvida através de uma teoria

---

4. Ibid., p. 159.

ecológica da crise e da transformação social que nos levaria a um socialismo ecológico.

A contradição capital-natureza foi encapsulada no discurso teórico de *O capital* e no pensamento dialético restrito, para gerar uma concepção sobre o funcionamento do capitalismo em sua fase ecológica. No entanto, o fato de que "a acumulação capitalista degrada ou destrói as próprias condições do capital" é tão somente uma contradição relativa que poderia afetar seus lucros e sua capacidade de produzir e acumular mais capital. De maneira semelhante ao que ocorre em outros processos improdutivos e efeitos destrutivos do capital — a guerra, a produção de armamentos, o aquecimento global —, que abrem novos campos de investimento, de reconstrução e de acumulação, a destruição da natureza e a produção capitalista de escassez de recursos naturais, que até agora apareciam como condições naturais abundantes de produção, levaram a sua privatização, abrindo caminho para uma "acumulação ecologizada do capital", expandindo a apropriação capitalista da natureza para incluir a biodiversidade "em risco de extinção" e os bens e serviços ambientais, uma vez inscritos na lógica econômica do capital.

Nesta perspectiva, a "segunda contradição" se converte ao mesmo tempo em condição funcional para a reprodução ampliada de capital; ao menos até o momento em que o processo capitalista exacerba e leva ao limite sua contradição essencial com a natureza. No entanto, neste ponto, essa contradição do capital já não se estabelece com as condições da produção capitalista, mas com a natureza como condição de vida e da produção sustentável sob qualquer modo de produção, incluindo o socialismo ecológico. Neste sentido, a contradição da racionalidade econômica com a natureza é mais radical que a que se estabelece dentro da crise interna do capital. A crise ambiental é uma crise da civilização ocidental, moderna, capitalista e econômica. Sua solução não reside em "internalizar seus custos ecológicos", mas em compreender a raiz dessas "contradições" e em construir uma nova racionalidade teórica, social e produtiva.

A contradição básica é a que se estabelece entre a racionalidade econômica e a natureza. Se a primeira contradição presumivelmente poderia ter sido resolvida por uma mudança nas relações sociais de produção — da apropriação dos meios de produção pelo proletariado —, a segunda contradição implica uma questão mais complexa — para além da democracia ambiental e da distribuição ecológica na apropriação social dos meios naturais de produção —, para repensar um modo de produção ecologicamente sustentável, socialmente equitativo e culturalmente diverso. A crise ambiental é gerada pelo capital; no entanto, foi forjada pela racionalidade econômica e pelos "modos de pensar" que levaram à construção e institucionalização de um modo de produção *antinatura* e, portanto, insustentável.

Esta contradição fundamental se manteve latente no marxismo tradicional, e até nos princípios teóricos do ecossocialismo. Por quanto mais tempo esta verdade vital poderia ter permanecido oculta sob o véu e o poder do socialismo real que viria abaixo na época em que era postulada a "segunda contradição"? No entanto, a contradição entre economia e natureza havia sido revelada e exposta por Nicholas Georgescu-Roegen em 1971 como o encontro entre a lei da entropia e o processo econômico. O consumo produtivo de natureza pelo capital leva inelutavelmente à morte entrópica do planeta. Já nos anos 1980 e 1990, a intervenção da natureza pela racionalidade econômica se tornara evidente. Além do fato de a natureza ser tratada como objeto para a produção (e assim explorada) e como condição da produção (e assim preservada), a natureza começou a ser produzida como mercadoria e a ser manipulada pelo capital e pela tecnologia.

Esta visão, mais radical, da "segunda contradição", a postula como a contradição fundamental, a de uma dialética da relação da economia e da natureza que se estabelece no cerne da racionalidade que produz a contradição e que nos permite pensá-la. Além da contabilidade dos custos ecológicos, a segunda contradição abre o pensamento teórico para desatar o nó da racionalidade moderna e para pensar as relações de produção a partir das condições que a natureza impõe ao ser e a uma nova racionalidade produtiva, na qual a entropia possa ser equilibrada por processos neguentrópicos, e onde a condição humana possa amalgamar-se com as condições da natureza (o real e o simbólico) através de racionalidades culturais diversas para a apropriação sustentável da natureza.

Hoje em dia, a principal contradição não é a que se estabeleceu entre o capitalismo e o socialismo em sua competição desenfreada pelo crescimento econômico, e sim a que a humanidade enfrenta diante da desumanização da civilização, a da sustentabilidade contra a degradação ecológica do planeta, do significado e do sentido da vida contra a objetivação do mundo e a visão utilitarista geradas pela ciência positivista, pela eficiência tecnológica e pela economia produtivista.

As contradições entre ecologia e capital não podem continuar a ser concebidas como dualidades opostas, como a antítese ou a negação de uma proposição. Podemos afirmar que a natureza aparece como o real negado pelo capital. Contudo, essa "contradição" é simplesmente a lembrança do que permaneceu invisível, oculto e encoberto pela presença positivista do capital. As contradições aparecem agora em um mundo complexificado e sob um pensamento mais complexo do mundo. As contradições ecológicas se manifestam como paradoxos, como interesses conflitivos, como decisões não harmônicas entre uma visão ecológica do que deveria ser e uma razão sobredeterminada, sobreobjetivada e imposta do que é, da realidade. Assumimos processos insustentáveis porque se converteram na realidade do mundo e abandonamos decisões baseadas em critérios ecológicos em uma perspectiva de sustentabilidade de longo prazo, por serem consideradas não práticas, utópicas e quiméricas: fora da realidade.

Devemos considerar os impactos das externalidades negativas do sistema econômico como contradições ecológicas do capital? Ou devemos assumi-los como custos associados? E como pensar a relação entre cultura e natureza, entre produção e ecologia, e suas sinergias positivas e negativas, que são "negadas" pela racionalidade dominante? As contradições do capital se referem a processos ontológicos intrinsecamente opostos, incluindo a natureza negada e as culturas excluídas; por sua vez, a contradição se estabelece na ordem do pensamento como o desencontro entre paradigmas teóricos — entre economia e ecologia — e, mais concretamente, como interesses sociais opostos que podem ser expressos e argumentados, como contra-dições.

Em todo caso, literalmente, a natureza não fala. Mas nem por isso suas expressões são menos reais: a erupção de um vulcão, um terremoto, um *tsunami*. Sobretudo de fenômenos que não são estritamente naturais, mas induzidos humanamente e produzidos capitalisticamente, como o aquecimento global gerado pelo efeito entrópico da economia global e a crescente incidência e frequência dos desastres "naturais" e dos impactos sociais que ocasionam. A natureza "fala" através dos processos de significação, interpretação e apropriação social da natureza.

A contradição ecológica do capitalismo converteu-se em uma complexa trama de contradições, para além da visibilidade da segunda contradição entendida como os custos ecológicos e a degradação ambiental gerados pela primeira contradição do capital. O encontro de diferentes visões e de interesses conflitivos não pode expressar-se em termos de simples dualidades e de contradições unidimensionais, mas como o encontro de um conjunto de complexas identidades e territorialidades em conflito.

Os custos ambientais não apenas não podem ser internalizados porque a racionalidade econômica nega a racionalidade ambiental, mas porque as vias ambientais para a sustentabilidade são múltiplas; é uma encruzilhada em que visões e interesses divergentes se encontram, chocam e geram sinergias positivas ou negativas; onde as diferenças nunca são contradições absolutas; onde a confluência dessas "contradições" produz uma hibridação de conhecimentos e gera um diálogo de saberes de onde emergem novidades históricas, para além da generatividade da *physis* e da superação dialética da ordem mundial existente.

A dialética se ativa quando as contradições intrínsecas do capital e seus impactos ecológicos se refletem no campo dos conflitos ambientais e se traduzem em movimentos sociais. Estes são conflitos que surgem da distribuição desigual dos custos e potenciais ecológicos, mas que transbordam para uma disputa de visões, interesses e sentidos na apropriação social da natureza, que se expressam no campo da ecologia política entre as estratégias de apropriação econômica e capitalista da natureza e as perspectivas abertas pela racionalidade ambiental. Nestes conflitos, a dialética se expressa nas estratégias discursivas e nas lógicas argumentativas destas posições antagônicas, onde o confronto pode ser resolvido por meio do consenso, ou radicalizar-se e exacerbar suas contradições.

O pensamento dialético entra no terreno das estratégias discursivas, onde as contradições ativas podem levar à criação de alternativas diferenciadas, como as que se confrontam hoje em dia no campo da sustentabilidade entre a racionalidade capitalista e a racionalidade ambiental. A dialética aparece como a condição irredutível da diferença em qualquer consenso ou na imposição de uma racionalidade global e unitária que pretendesse dissolver as contradições entre ecologia e capital e a insustentabilidade intrínseca do capital (e da própria racionalidade econômica).

Os contrários nesses debates não são entidades claramente delimitadas e denominadas por conceitos unívocos. Na definição dos limites ecológicos e sociais do crescimento econômico capitalista ou na possível construção de uma racionalidade ambiental, de sua produtividade e de sua eficácia operativa, entram em jogo novos conceitos e termos — polissêmicos por sua natureza significativa. O significado da biodiversidade ou do território é diferente para o capital ou para uma cultura tradicional que habita a natureza. O grau de poluição, de equidade social, de pobreza e de qualidade de vida aceitável pelas pessoas, ou o "uso racional dos recursos naturais", são definidos social e culturalmente. Sob qualquer racionalidade que se considere, visões diferentes e muitas vezes opostas se manifestarão, desde o conservadorismo econômico e o ecologismo radical, até uma diversidade de formas culturais de *ser com a natureza*.

A polissemia inerente à linguagem não necessariamente implica contradições de sentido. No entanto, termos como sustentabilidade — e outros termos associados, como biodiversidade, território, autonomia — adquiriram significados diferentes no campo da ecologia política, e se converteram em significantes de práticas discursivas e estratégias políticas alternativas, e muitas vezes contraditórias e antagônicas. O discurso do desenvolvimento sustentável gerou até mesmo contradições em termos, tais como os de seus *slogans* "produção e consumo sustentável", "comércio justo", "produção limpa", que residem na linguagem comum, uma vez que a ideologia dominante pretende ter eliminado toda contradição discursiva em sua lógica transparente e em sua semântica simulatória, para além de toda contradição.

Apesar disso, uma contradição essencial se mantém entre o modo capitalista de produção e a racionalidade econômica, por um lado, e a natureza e a cultura, por outro. Esta contradição surge do fato de que tanto a natureza como a cultura são negadas pela racionalidade econômica, que desse modo as "externaliza", superexplorando a natureza e subjugando as diferenças culturais. O capitalismo é intrinsecamente antiecológico. A irrupção da crise ambiental não apenas tornou consciente a (até então) inconsciente contradição entre capital e natureza, ao menos na visibilidade de seus custos ecológicos e de seus efeitos nos novos enfoques teóricos da economia ambiental e ecológica e no ecomarxismo. Por sua vez, o pensamento ecológico e o pensamento complexo entraram em diálogo com o pensamento dialético. No entanto, a solução para a contradição entre capitalismo e natureza abriu novos caminhos de pensamento para "reconstruir a natureza" e reinventar as identidades culturais na ordem dos sistemas complexos, das entidades híbridas e de relações sinérgicas, para além do pensamento dialético.

Pensamento dialético, ecológico e complexo: encontros e alianças

O pensamento dialético foi uma produção que se manifestou cedo na história das ideias. Está arraigado e encaixado em nosso humanizado mundo metafísico, religioso e político. Desde o *yin* e *yang* da filosofia oriental, e da visão teológica do divino e do demoníaco, dos céus e dos infernos, até a tese-antítese-síntese da filosofia ocidental, o pensamento dialético moldou nossas concepções do mundo.[5] As dialéticas antitéticas, a negação e a contradição dialética estão na raiz de suas derivações ontológicas, metodológicas e epistemológicas.

---

5. Dialética é a negação mefistofélica da criação divina quando afirma: "Sou o espírito que sempre nega tudo: o astro, a flor" (Goethe, *Fausto*). É o espírito demoníaco que mobiliza o amor, a paixão, a voluptuosidade e a perversão da relação erótica; é a rebelião interna do ser a toda ordem estabelecida que exclui e nega a liberdade de resistir à opressão e de criar o novo.

Nos tempos modernos, a teoria social dividiu-se em dois campos: em uma teoria crítica e em uma abordagem empírico-analítico-positivista da realidade. A dialética converteu-se na pedra de toque do racionalismo crítico, e embora tenha perdido um pouco de sua coerência como uma teoria ontológica e epistemológica abrangente, a retórica da dialética ainda anima o discurso teórico e político.

O pensamento dialético oferece princípios gerais para entender a transformação do real. No entanto, para que essa lógica possa apreender a realidade como conhecimento concreto, deve haver uma correspondência entre pensamento e movimento dos processos materiais. Marx concebeu o concreto do conceito como a articulação de múltiplas determinações que torna a realidade inteligível ao pensamento; mas, por sua vez, fundamentou a dialética na contradição social como a oposição estrutural de interesses de classe. Nesse sentido, Marx pode ser considerado um precursor do estruturalismo e do pensamento sistêmico, ao pensar o homem não a partir de uma pretensa essência, mas de seu contexto histórico e de suas relações sociais. Desta maneira, conseguiu reverter o idealismo dialético de Hegel e fundar o materialismo histórico. Aqui a dialética já não é uma lógica que surge da mente e se impõe à realidade. A razão dialética encontra sua fonte e referente na realidade gerada pelo conflito social e nas contradições do capital como um modo de produção histórico e específico.

Engels tentou dotar o materialismo dialético de bases mais sólidas e amplas arraigando-o no funcionamento da natureza. Para além da precedência ontológica do ser sobre o pensamento estabelecida por Marx, Engels quis fundamentar o pensamento dialético na materialidade dos processos naturais e procurou ajustar as leis da natureza aos princípios gerais da dialética. Os princípios gerais da dialética — totalidade, negação e contradição; substituição da quantidade pela qualidade — podem "corresponder" à realidade. Contudo, esses princípios só representam uma analogia metateórica. Para apreender teoricamente a causalidade e a determinação concreta dos processos materiais, suas dinâmicas e suas transformações, são necessários conceitos e métodos científicos específicos. Foi isso que produziu o desenvolvimento das ciências desde os séculos XIX e XX, desde a biologia evolutiva e o materialismo histórico, até a termodinâmica e a física quântica.

O materialismo dialético de Engels — com o qual tentou unificar o pensamento e a matéria — não sobreviveu ao teste da história e da razão crítica. No entanto, o pensamento dialético encontrou solo fértil na ecologia e nas teorias de sistemas. A categoria de totalidade renovou as bases do método dialético em autores como Lukács, Goldmann e Kosik, que privilegiaram seu caráter "revolucionário" sobre os princípios de negação e contradição. A totalidade converteu-se no cavalo de Troia no qual a Ideia Absoluta foi reintroduzida na terra do materialismo dialético. Com a instauração da teoria de sistemas como um método e uma ciência transdisciplinar em tempos recentes, a categoria de totalidade deixou de ser uma novidade e perdeu seu sentido revolucionário.

O estruturalismo forneceu o último impulso ao pensamento dialético ao tentar ordenar os níveis hierárquicos e graus de contradições de um conjunto de relações estruturais.[6] Em lugar do ordenamento hierárquico entre a contradição principal e as

---

6. Marx inscreve o pensamento dialético em uma estrutura complexa quando afirma que: "o concreto é concreto porque é a síntese de múltiplas determinações", dando um salto fora da dialética hegeliana.

contradições secundárias de Mao, sob a perspectiva do estruturalismo marxista, Althusser pensou as contradições determinantes e dominantes, a sobredeterminação e a contradição em última instância do econômico, dentro de uma estrutura complexa de relações (do todo estruturado já dado). Marx, e seus seguidores, Lukács, Kosik, assim como Althusser e seus discípulos, inseriram a contradição dialética dentro da estrutura. O estruturalismo genético, configurado pela teoria de sistemas, tentou construir uma abordagem mais abrangente para apreender um conjunto de contradições e em seu movimento no tempo (Goldman). Com a categoria de formação socioeconômica procurava-se complexificar a abordagem do materialismo histórico a partir da estrutura dos modos de produção. No entanto, a contradição ecológica manteve-se ausente dessa totalidade dialética.

A questão ambiental levou a perguntar até que ponto as complexas inter-relações dos conflitos socioambientais podem ser entendidas como uma rede complexa e hierárquica de contradições. Até que ponto aquilo que se opõe e que difere, que está em potência no devir da história, o desconhecido e o que ainda não é, são e existem por relações de contradição, como a que estabelece o vínculo de exploração entre o capital, o trabalho e a natureza? Até que ponto esta complexa realidade gera seu contrário dialético? E até que ponto a dialética, assim complexificada, explica o devir da história, e orienta a construção de uma ordem ecossocial?

Com o surgimento do pensamento ecológico, pensadores e ativistas como Murray Bookchin tentaram criar uma nova dialética da natureza baseada em uma visão ecológica da natureza. Essa visão holística traz de novo a questão da contradição dentro de uma totalidade unitária e um monismo ontológico, ou em uma renovada concepção do dualismo, da diferença entre o real e o simbólico, que já não se expressam como contradições, e sim como diferenças ontológicas. Contudo, o pensamento dialético desmorona quando se expande para uma tentativa oniabrangente e totalitária, como a que postulara o "idealismo" de Hegel ou o "materialismo" de Engels.

Na nova dialética da natureza, a ecologia se converte em um modelo do pensamento dialético que é transferido para a ordem social. Desse modo, Bookchin procura resgatar o pensamento dialético por suas características comuns, suas analogias e suas compatibilidades com a evolução biológica (emergência, novidade, organização, estrutura, totalidade), e estabelecer uma filosofia da natureza capaz de guiar a ação social através de leis racionais e objetivas. O resultado é uma ontologia organicista e uma ecologia generalizada que em nada contribuem para as ciências biológicas e muito pouco para a reconstrução da dialética, conferindo bases filosóficas limitadas para a práxis do ambientalismo.

Certamente a ecologia pode informar à organização social para internalizar as condições ecológicas da sustentabilidade. No entanto, isso não implica que a ecologia possa oferecer a chave para entender a natureza ou o pensamento humano, ou estender-se como um método geral para orientar a investigação científica, a consciência social e a ação política. O conhecimento ecológico contribui para a análise dos sistemas complexos emergentes. Contudo, isso não autoriza a reduzir a ordem social a um sistema ecológico e a construir uma "sociedade ecológica" sobre os princípios do "naturalismo dialético".[7]

---

7. Elaborei mais amplamente esta argumentação em meu livro *Racionalidade ambiental*. Rio de Janeiro: Civilização Brasileira, 2006. Cap. 2.

O pensamento ecológico surgiu como um pensamento pós-estruturalista; sem abandonar a ideia de totalidade, a contradição foi suplantada pelos conceitos de complementaridade, integração, evolução e sinergia. Contudo, existe claramente uma diferença entre a fertilidade da contradição discursiva e os interesses em conflito que conferem sentido ao pensamento dialético, e os métodos da complexidade que emergem da ecologia e da cibernética, e que definem a realidade como um conjunto de inter-relações, interdependências, interações e retroalimentações (Morin).

O naturalismo dialético é confrontado hoje, quando a natureza é concebida como uma entidade socialmente construída e mediada culturalmente. A natureza está sendo redefinida e revalorizada através de significados e sentidos culturais, interesses sociais e poderes econômicos. Os discursos da ciência, assim como as narrativas do pensamento ecológico e do naturalismo dialético, estão entrelaçados nos fios de relações de poder e inscritos em estratégias de poder no saber (Foucault) que determinam o campo teórico e político da ecologia política e os conflitos que emergem da apropriação social da natureza. O real e o simbólico são duas ordens do ser que não se fundem em uma unidade idêntica, em um monismo ontológico. Assim, a racionalidade ambiental leva à crítica das teorias da representação e da identidade entre as palavras e as coisas, os conceitos e o real.

O ideal não contradiz o material. O ideal se enraíza na natureza através de significados culturais e de práticas culturais: a ordem cultural aparece como um tecido de relações sociais de produção material e produção de sentido; ao nomear o mundo, ao ordenar a natureza e ao inovar as práticas produtivas, a cultura contribui para a produtividade sustentável dos territórios que habita. A teoria, o conhecimento, a ciência e a tecnologia não são apenas representações da realidade, da natureza e da vida. Estas formações ideológicas penetram no coração da natureza. Essa é a natureza das entidades híbridas, nas quais é impossível distinguir ordens ontológicas puras, as quais são transformadas por paradigmas científicos, instrumentos tecnológicos e símbolos culturais que invadem a natureza.

O capital, a racionalidade econômica e a ordem econômica mundial não são entidades ontológicas naturais, e sim produções sociais e culturais, nas quais a teoria contribui para o ordenamento empírico das coisas e constrói os mecanismos do mercado, assim como as perversões da ordem econômica, seus impactos ecológicos e sociais. De fato, a ordem simbólica inevitavelmente contribui para a reificação das coisas naturais. Mas esta é uma condição intrínseca do ser humano, não uma contradição. Esta desordem e desmedida da ordem simbólica se instala e se expressa na perversão da natureza humana, e se instaura no discurso simulatório e nas estratégias fatais da geopolítica do desenvolvimento sustentável. As desventuras do Iluminismo, em sua vontade de capturar a realidade através do conhecimento — tanto no método analítico-formal-lógico da ciência positivista, como no método dialético do materialismo histórico —, chegam ao seu fim, marcando a transição da modernidade para a pós-modernidade.

No entanto, o pensamento dialético ainda oferece um serviço didático, pedagógico e político para o entendimento e a transformação daquilo que é negado pela afirmação positivista do que é, não apenas do ser e do existente em geral, mas, em particular, do capitalismo realmente existente e da positividade da realidade construída "capitalisticamente". O trabalho humano e a natureza são contradições do capital não apenas porque sua natureza é negada e desconhecida pela racionalidade econômica, mas porque os seres humanos e a natureza estão intrinsecamente vinculados ao capital em uma relação de exploração.

A investigação sobre as contradições ecológicas do capitalismo leva a observar o caráter ontológico, epistemológico e/ou sociopolítico das contradições capital-natureza, assim como sua extensão para as dualidades: cultura-natureza; material-simbólico; e para dualidades que se desdobram em tríades: capital-trabalho-natureza; natureza-tecnologia-cultura. A oposição do trabalho ao capital e à natureza não é uma contradição inscrita na "natureza das coisas". A contradição entre os paradigmas científicos da economia e a ecologia, isto é, a incomensurabilidade e a incompatibilidade entre a racionalidade econômica e a organização ecossistêmica da vida, e sua impossível complementaridade, integração e fusão em uma visão holística, em um paradigma emergente de economia ecológica, é uma contradição instaurada por um modo de pensamento que se institucionalizou através de uma forma de racionalidade. Este é de primordial importância, não apenas para esclarecer as categorias teóricas, mas também para poder pensar as maneiras de resolver as "contradições" que aparecem como limites naturais, culturais, econômicos e sociais, assim como barreiras epistemológicas e paradigmáticas para construir uma ordem ecossocial sustentável e equitativa. Em outras palavras, para resolver a "contradição" que surge dos modos de pensar e de produzir a realidade.

Se as contradições entre capital, trabalho e natureza não são contradições da natureza, isto é, contradições ontológicas;

se as contradições entre paradigmas teóricos não se resolvem no terreno das ciências por meio de um método interdisciplinar; então teremos de nos voltar para o pensamento político-filosófico para vislumbrar uma racionalidade social alternativa, onde esses termos possam ser pensados e mobilizados como ordens materiais e ideais sinérgicas.

Esta nova visão das relações entre diferentes processos, a partir da perspectiva do pensamento complexo, foi ofuscada pela visão objetivista do mundo e até pela compreensão da realidade e da história oferecida pelo materialismo dialético, na qual as teorias culturais foram desacreditadas como idealistas. A concepção ortodoxa tradicional do pensamento dialético — onde o material e o ideal, o real e o simbólico foram considerados opostos absolutos e contradições em termos — contribuiu para objetivar o mundo. Assim, para além da falaz tentativa de fundir a ecologia e o pensamento dialético, temos de analisar as contradições entre capital e natureza na perspectiva da racionalidade ambiental.

A construção da racionalidade ambiental: complexidade, diferença, outridade

O pensamento pós-moderno poderia ser considerado o oposto dialético da racionalidade da modernidade, na medida em que expressa a contradição entre racionalidade econômica e instrumental e a racionalidade ambiental e des-cobre o que está oculto no pensamento mecanicista e positivista: a diferença e a outridade. Esta concepção chegou à história das ideias no momento em que o esquema racionalista da unidade e da dualidade se abriu para dar lugar à diversidade e à complexidade. No pensamento complexo, os princípios de negação e contradição dão lugar a relações de *diferença* e de *outridade*,[8] onde o diferente e o outro não se subsumem em uma unidade, nem podem ser concebidos como contrários absolutos. As diferenças culturais podem gerar conflitos e oposições; mas também alianças e sinergias positivas que emergem justamente de sua heterogênese e do encontro de suas diferenças.

Nem todas as oposições e confrontações são contradições nas quais um termo da dualidade nega, reduz e anula o outro. O dia e a noite, o sul e o norte, o amor e o ódio, são dualidades complementares. Algumas delas são vínculos eternos, binômios de duas vias que caminham paralelas, dualidades que não se transcendem para levar a uma síntese ou produzir uma novidade que geraria uma nova dualidade dialética ou uma nova tese que por sua vez seria negada por uma nova antítese pelo princípio de contradição. Estas dualidades são diferentes daquelas criadas pela ontológica e metodológica cartesiana: corpo-alma, objeto-sujeito, natureza-cultura. Não são dualidades conflitivas como a oposição entre capital e trabalho (ou capital-natureza), ou como a contradição dialética das relações sociais de produção e o desenvolvimento das forças sociais de produção. Em uma configuração mais holística e complexa, diferentes forças e processos podem encontrar-se e chocar-se em processos sinérgicos, positivos ou negativos. A natureza não é apenas uma segunda contradição do capital; participa de formas complexas no desenvolvimento das forças produtivas

---

8. Aplico aqui o conceito de *différance* de Derrida. Meu conceito de *Outridade* se depreende do conceito de *Alterité-Autre-Autrui* de Levinas, entendido como uma categoria filosófica e ética.

e se enlaça na trama das relações sociais. Assim, na perspectiva da sustentabilidade, a degradação entrópica é inevitável; mas pode alcançar um estado de estabilidade e equilíbrio (dialético, mas não contraditório) com processos neguentrópicos.

Sob os princípios de racionalidade ambiental, a construção da sustentabilidade não é a fusão de duas lógicas contrárias — a eco-logia e a eco-nomia —, mas a "manifestação e expressão de suas contradições", que se desenvolvem para além de uma síntese dialética que poderia ser alcançada através de uma abordagem teórica. As contradições ecológicas do capital se manifestam como custos ecológicos diferenciados na sociedade e na natureza e se expressam em um conflito entre classes sociais na apropriação social da natureza. No entanto, a transição para a sustentabilidade implica a necessidade de transcender a contradição fundamental entre racionalidade econômica e racionalidade ambiental. A problemática ecológica não poderá ser resolvida nem pela internalização dos custos ecológicos no cálculo econômico nem através do confronto entre classes sociais e da resolução de conflitos ambientais dentro da racionalidade dominante. A contradição entre a racionalidade econômico-tecnológica e a racionalidade ambiental chama a renovar o pensamento, a percepção, o sentimento e a ação. Essa contradição não se resolverá pelo confronto de visões nem por um consenso construído por meio da racionalidade comunicativa na doutrina de Habermas.

A contradição emerge em um mundo baseado no conceito de unidade, onde a antítese pode ser confrontada com uma afirmação positiva (tese), mas que no final pode ser resolvida em uma nova unidade sintética. As visões ecológicas do mundo e da existência são guiadas pela diversidade e pela complexidade, não por uma oposição de contrários. No materialismo histórico e dialético, o ser, em seu devir, é guiado por esse esquema de contradições. Na prática política, essa compreensão do devir histórico mobilizado pela contradição social não apenas levou a pensar na luta de classes como "motor da história", mas a legitimar a violência como meio para resolver as "contradições do capital", para a tomada do poder e para gerar a mudança social que levaria o mundo a uma organização social superior. Neste sentido, os movimentos sociais apostavam na "exacerbação das contradições" como método e estratégia política para acelerar a mudança rumo ao socialismo.

No entanto, para além da racionalização do ser e da mudança social guiadas por estas contradições, e até mesmo pela ética do diálogo racional sob um saber de fundo compartilhado por uma comunidade determinada, a abertura para a outridade implica uma relação com um Outro, com algo diferente, onde a relação não necessariamente é de oposição e de contradição, e sim de diferença, de diversidade e de outridade. A relação de outridade é uma relação ética, de responsabilidade e deferência. Assim, o princípio de contradição deve ser ressignificado na perspectiva de um diálogo de saberes entendido como o encontro e o confronto de proposições, ideias, visões, formas de ser e modos de produção diferentes, mais que de entidades e interesses opostos e contraditórios.

A política da diversidade, da diferença e da outridade envolve estratégias políticas, relações de poder e processos de legitimação de saberes e direitos que implicam complexos processos ideológicos e ações sociais inscritas em formações discursivas e arranjos institucionais, onde se desenvolvem as estratégias de poder no saber. Estas práticas se estabelecem para além de qualquer forma de determinação derivada de leis científicas de uma ordem ecológica e da estrutura de um modo de produção. Confrontando toda *eco-logia* como princípio e modelo para a reconstrução da ordem social, a racionalidade ambiental estabelece o ponto crítico de uma sociedade governada por um conjunto de meios para alcançar os fins comuns da humanidade e uma ordem mundial sujeita a uma razão *universal* derivada de uma ontologia dialética, de um pensamento ecológico ou de leis globais do mercado.

A racionalidade ambiental "contradiz" toda lógica inscrita em uma lei imanente do ser e do pensamento. A construção de um futuro sustentável está além da realidade presente, sobretudo porque não é uma mera "superação dialética" das contradições do mundo real. A contradição aparece na dialética do pensamento como fases sobredeterminadas, antinômicas e antagonistas de entidades e de posições políticas incompatíveis, onde não existe diálogo possível para construir um estado de coisas diferente. A prática dialógica é mais criativa que o pensamento dialético; o diálogo abre possibilidades para além da "síntese" para a qual se desenvolveriam as "contradições objetivas" para superar o atual estado de coisas. A relação ética de Outridade inaugura um futuro que está além do devir da síntese ontológica de contrários opostos e das novidades produzidas por uma ordem mundial guiada pela racionalidade econômico-tecnológica-ecológica dominante.

A racionalidade ambiental abre o caminho para superar a estrutura social estabelecida e os paradigmas de conhecimento instituídos. A sustentabilidade é um propósito que está além das capacidades das ciências e da tecnologia para reverter a degradação ecológica e para gerar um crescimento sustentável.

A racionalidade ambiental reside no campo da ecologia política, no qual se constituem novos atores sociais mobilizados por diversas visões e interesses, orientados por valores e saberes incorporados em suas identidades culturais. Assim, a dialética entre economia e ecologia leva a uma dialética social que se expressa em lutas políticas pela apropriação da natureza e nas práticas culturais orientadas para uma produção sustentável.

Essa dialética social se expressa igualmente através de um saber ambiental que, para além de se constituir em uma lei geral, uma norma universal ou um conhecimento científico objetivo sobre as condições ecológicas de sustentabilidade do planeta, emerge de um diálogo de saberes. Para além do avanço do conhecimento pelo confronto de teorias ou do consenso gerado por uma racionalidade comunicativa, o saber ambiental vai se constituindo no encontro de saberes forjados por diversas matrizes de racionalidade-identidade-significado-sentido que respondem a diferentes visões de mundo, imaginários, códigos de linguagem, interesses e estratégias de poder pela apropriação social da natureza, no encontro entre a complexidade do real e a complexidade do pensamento.

O diálogo de saberes não abre a porta para o relativismo epistemológico, o ecletismo teórico e para uma anarquia do sentido do saber; não é uma combinatória de teorias, paradigmas científicos e saberes práticos incoerentes entre si. Se a interdisciplinaridade e a transdisciplinaridade enfrentam o problema da unificação disciplinar e da tradução entre espaços teóricos diferenciados, os fluxos do pensamento na transição entre modernidade e pós-modernidade apresentam o problema da hibridação de teorias e saberes. Todo pensamento pensa com referência ao já pensado para se abrir para o por pensar. E se neste processo há rupturas epistemológicas e demarcações teóricas, também há reelaborações teóricas que vêm da reflexão do pensamento sobre si mesmo, de um olhar para o horizonte que não se desliga facilmente das pegadas do caminho percorrido, do embasamento das ideias em modos de pensamento e em mundos de vida; em crenças, imaginários e práticas sociais; em formações discursivas que vão desde a recuperação de significados e sentidos originários de conceitos e palavras, até a criação de gramáticas de futuro e a produção de novos sentidos na ressignificação do mundo.

Na complexidade ambiental, o pensamento dialético se inscreve dentro de uma ontologia não essencialista e de uma epistemologia não positivista e não objetivista. Isso não implica cair em um relativismo ontológico, mas a necessidade de repensar as diversas formas de ser no mundo e a constituição do ser através do saber. A dialética da complexidade ambiental se desloca do terreno ontológico e metodológico para o campo dos interesses antagônicos pela apropriação social da natureza; para o terreno da ecologia política, onde qualquer totalidade dialética é concebida como um conjunto aberto de relações de poder constituído por diversos valores e significados diferenciados.

A construção de um futuro sustentável não será o resultado de um consenso global em um mundo homogêneo, mas da fecundidade da humanidade que surge da disjunção do ser, da diversidade cultural e do encontro com o outro. Esta "dialética" transcende a Ideia Absoluta e a síntese hegeliana do Uno que se desdobra em seu contrário e se reintegra em Uno-mesmo. A transcendência da racionalidade ambiental é levada pela fecundidade das relações com o Outro, pela produtividade da complexidade ambiental, pelo encontro de interesses antagônicos e pelo diálogo de saberes. Implica uma ressignificação cultural do mundo diante dos desafios da sustentabilidade, da equidade, da democracia e da justiça social.

A racionalidade ambiental fundamenta-se em uma ontologia e em uma ética opostas a todo princípio de homogeneidade do mundo e de unidade do conhecimento, de um pensamento global e totalizador. Abre uma política para além das estratégias para a dissolução de diferenças antagônicas em um campo comum conduzido por uma racionalidade comunicativa, regida por um saber de fundo, por um conhecimento comum e por leis universais. A racionalidade ambiental abre o caminho para uma política da diferença e para uma ética das relações sociais aberta para o dissenso, para a diferença e para a outridade, que nem sempre remetem a contradições ontológicas e políticas.

A dialética reclama seu sentido mais autêntico e perene na negação argumentativa. O pensamento dialético se anima no raciocínio teórico, quando um pensador, diante de uma tese ou um argumento, diz não — ou sim, mas... — e em sua contra-argumentação um pensamento mais inovador ou abrangente pode ser pensado. O princípio de demarcação, como foi pensado por Lênin e Althusser, é certamente pensamento dialético em ação, negando um argumento e estabelecendo limites para o sentido e para a aplicação de uma teoria e abrindo o pensamento para o novo.

No campo da ecologia política e na construção de uma racionalidade ambiental, o pensamento dialético não se manifesta como autocontradição do ser, mas na negação daquilo que é afirmado e que está presente na realidade socialmente construída. O real não é negado por algo mais que existe na ordem do real. O dia não é negado pela noite. A entropia não é negada pela neguentropia. Essas dualidades coexistem como polos complementares da vida e da produção sustentável. O pensamento dialético ativa o impensável dentro de um paradigma de pensamento estabelecido ou de uma ideologia teórica, negando a verdade positiva e a realidade existente. A racionalidade ambiental nega a racionalidade econômica e o capitalismo a partir da radicalidade de um pensamento que vai à origem das causas do surgimento, da instauração e da institucionalização da racionalidade moderna dominante.

No entanto, a dialética entre a racionalidade capitalista e a racionalidade ambiental não é uma dualidade. A racionalidade ambiental não é um modo de pensamento unidimensional, ou um modo histórico de produção. É um pensamento que abre as formas de ser para a diversidade, para um feixe de racionalidades que vão se complexificando e se diversificando a partir da diversidade biológica da natureza e da diversidade cultural da humanidade. O pensamento dialético se abre assim para uma diversidade de processos e para a complexidade de suas inter-relações.

Para além da racionalidade comunicativa e do pensamento ecológico que tentam fundir processos diferentes, argumentos contraditórios e interesses contrapostos em um pensamento holístico consensuado e em uma realidade harmônica multidimensional, a dialética reaparece no mundo pós-moderno como o encontro de visões, interesses e propósitos contrapostos em uma política da diferença, da diversidade e da outridade. Neste campo conflitivo, nem sempre solucionável por um consenso, mas onde diferentes visões, estratégias e propósitos podem exacerbar suas diferenças, o outro que se opõe nem sempre é uma dualidade ou um contrário, mas o encontro de diferentes mundos na globalidade do mundo homogeneizado pela racionalidade econômico-tecnológica dominante. O enfrentamento com o outro não é a oposição de contrários irreconciliáveis. A diferença não é tão somente uma contradição mais sutil. O outro é algo diferente que pode chocar, mas também alguém com quem é possível conviver harmoniosamente. Envolve uma ética e uma visão diferente das relações sociais onde o encontro com a diferença e a outridade é dialético no sentido de que podem ser entidades conflitivas, mas também visões e processos que podem coexistir sem ter que ignorar, eliminar, explorar ou negar outras entidades, visões e processos para poder se afirmar.

Diferentes culturas se enfrentaram na história. Mas isso não envolve o fato de que todas as culturas precisem se expandir absorvendo, integrando ou eliminando outras culturas. Esse é o desafio com que se depara a diversidade dentro de um mundo globalizado, de um mundo que não apenas deve ser tolerante e acomodar outros mundos, mas um mundo global construído pela diversidade de mundos culturais diferentes existentes.

Na construção da racionalidade ambiental, a dialética se une à dialógica em uma nova perspectiva, na qual a diferença e a diversidade se convertem em fonte de criação e produção de novos mundos no encontro do outro e do "outro" como Outro, que não é necessariamente um outro oposto, um adversário antagonista, mas também um que poderia integrar-se ao Uno-Mesmo ou subsumir-se dentro de uma racionalidade dominante; que podem alcançar um consenso e conviver no dissenso. Trata-se de um "outro" que mantém uma tensão com a racionalidade dominante (uma oposição, resistência e alternativa com a ordem hegemônica estabelecida), mas que ao mesmo tempo inaugura o novo que vem do encontro entre mundos culturais diversos, entre visões e interesses diferentes e muitas vezes conflitivos.

O diálogo de saberes ativa a fertilidade da ética da outridade e a política da diferença. Este é o nicho ecológico no qual pode se alojar o pensamento dialético, o crisol onde diferentes culturas e saberes se hibridam para forjar novas ideias, novas racionalidades e novos mundos de vida.

A dialética também está ativa na relação do ser e da existência com aquilo que ainda não existe, o que está aberto ao devir. Mas esse devir não é o surgimento do ser natural em evolução ou o que emerge da oposição dialética de contrários. É o que surge do diálogo de saberes que se estabelece entre seres culturalmente diversos e em seu encontro com a outridade. É também a dialética do ser com a incompletude do ser, com a "falta em ser" (Lacan), com a relação ética que se estabelece para além da relação ontológica, "de outro modo de ser" (Levinas); e a relação do ser com o nada.[9] E no campo do conhecimento, a relação com aquilo que falta descobrir e saber; o encobrimento do ser pelo conhecimento e a manifestação do ser (seu des-cobrimento) através do saber; a re-flexão do pensamento sobre o já pensado para abrir o caminho para o que falta pensar.

---

9. Schelling foi talvez o primeiro a pensar no paradoxo da existência diante do nada quando formulou a pergunta: *Warum ist nicht Nichts?* Por que não existe o nada? Por que geralmente existe algo e não o nada?

A criatividade do ser que gera *o que ainda não é*, não é o desenvolvimento do ser em sua evolução biológica e seu surgimento a partir de um sistema ecológico; ou a transcendência da realidade a partir de suas contradições intrínsecas. Esta "criação do ser" a partir do saber implica *deixar o ser ser* para além do *des-cobrimento do ser* e *do desvelamento de sua verdade*, no sentido originário do *aletheia* dos antigos gregos (Heidegger). A construção de um futuro sustentável, como um devir guiado por uma racionalidade ambiental, desencadeia as potencialidades do real, a produtividade ecológica da natureza e a fertilidade da vida, através da criatividade cultural e do diálogo de saberes. É um futuro gerado por aquilo que é, mas também pelo ser que desconhecemos, pela abertura do ser para aquilo que está além da produtividade da natureza e da sociedade instaurada (do mundo objetivado e coisificado impulsionado pela economia e pela tecnologia da racionalidade hegemônica dominante); do que está na potência do ser e que não podemos dominar nem conhecer; do que está além do ser e do que existe "de outro modo de ser". É a abertura para a complexidade ambiental e para um diálogo entre seres culturais que incorporam conhecimentos, sabedorias e sentidos que se expressam em identidades e práticas na *ressignificação do mundo*.

Neste sentido, a relação entre a Terra (o Real) e o Mundo (o Simbólico) estabelece uma tensão e uma luta além da relação dialética como antagonismo de contrários:

> O mundo é a abertura autorreveladora dos amplos caminhos das decisões simples e essenciais no destino de um povo histórico. A Terra é o advento espontâneo daquilo que é continuamente autocontido e, nesse sentido, cobiçado e oculto. O Mundo

e a Terra são essencialmente diferentes e ao mesmo tempo nunca estão separados. O Mundo tem suas raízes na Terra, e a Terra se projeta através do Mundo. Mas a relação entre o Mundo e a Terra não degenera em uma unidade vazia de opostos desvinculados um do outro. O Mundo, ao repousar na Terra, luta por superá-la. Como autoabertura, não pode suportar nada fechado. A terra, contudo, como proteção e abrigo, tende sempre a levar o Mundo para ela e a mantê-lo ali. A oposição entre Mundo e Terra é uma luta. Contudo, certamente estaríamos falsificando sua natureza se confundíssemos essa luta com uma discórdia e uma disputa, e em decorrência disso a víssemos como desordem e destruição. Na luta essencial, ao contrário, cada um dos opostos se levanta na autoafirmação de sua natureza. A autoafirmação da natureza nunca é uma insistência rígida em algum estado contingente, mas se submete à originalidade oculta da fonte do ser de cada um. Em sua luta, cada oponente leva o outro além de si mesmo (Heidegger, *The Origin of the Work of Art*).

A Terra, as coisas do mundo, podemos concordar, têm uma existência em sim, em seu ôntico ser enquanto ser. Mas só vêm a mim, só se mostram e se manifestam para mim, chegam a ser parte de minha existência, através da palavra que as nomeia e as significa, que lhes confere seu ser e seu sentido. Mas, para além do ser que funda a palavra, há um sentido que vem do sentido, da sensibilidade e da sensualidade, que se funde na palavra para nomear esse sentido, que faz do que se sente e do sentido, *habitus* e práxis em relação com o ser que para mim existe.

No diálogo de saberes, o ser se "faz de palavras"; mas, para além da controvérsia e da contradição no cruzamento de sentidos diferenciados, é um encontro com o inefável que surge do estar frente a frente de duas presenças, do sentimento sem palavras dos sentidos e significados aglutinados nas histórias de seus diferentes seres culturais, que correm pelas veias de seus mundos de vida, de suas memórias, seus sonhos, seus anseios e suas esperanças; das lembranças e narrativas de sua existência. Desta maneira se constrói um futuro como um destino não predestinado; uma utopia que forja seu lugar no mundo.

As identidades significantes que ali se conjugam põem em relação a sensibilidade, a razão e o pensamento no acesso ao ser sensível, consciente e cognoscente do mundo. A palavra, a fala, a linguagem, estabelecem esses vínculos ao nomear e significar o ser. Se a relação entre o real e o simbólico não é uma mera relação ontológica e epistemológica, mas uma relação ética (a proximidade e vulnerabilidade que levam a sensação e o sentido para a responsabilidade em relação ao outro), há uma significação própria do sensível, um sentido que não se mede pelo ser e pelo não ser, mas um ser que, pelo contrário, se determina a partir do sentido (Levinas). O sentido antecede a palavra e vulnera o dito para inscrever a fala em uma des-inscrição dos sentidos já dados, convertidos em fatos e realidades empíricas. Desta maneira, a sensibilidade, o olhar e a palavra se fundem em uma significância que desconstrói o já dado, o estabelecido pela razão dominante, para abrir o pensado para o por pensar. O sentido é encarnação:

> uma inteligibilidade prévia à significação, mas também derrocada da ordem do ser tematizável no Dito [...] uma significação que só é possível como encarnação [...] a alteridade dentro da

identidade é a identidade de um corpo que se expõe ao outro, que se converte em algo "para o outro", a possibilidade mesma de *dar* [...] a inquietude que significa, não se constitui a partir de uma apercepção qualquer que põe a consciência em relação com o corpo; a encarnação não é uma operação transcendental de um sujeito que se situa no seio do próprio mundo que se representa; a experiência sensível do corpo é desde sempre encarnada [...] o um-para-o-outro ou a significação — o sentido da inteligibilidade — não reside no ser [...] mas guia o discurso para além do ser [...]. A implicação do *uno* dentro do *um-para-o-outro* não se reduz, portanto, em seu modo à implicação de um termo dentro de uma relação, de um termo dentro de uma estrutura, de uma estrutura dentro de um sistema, que sob todas as formas do pensamento ocidental buscava como que um abrigo seguro ou como que um lugar de retiro no qual a alma devia entrar (Levinas, *De otro modo que ser*).

A relação de outridade se expressa em uma significância que está antes do significado e além de uma totalidade sistêmica. A sistematização de significados e correlações ônticas não salda a dívida da tematização do ser e dos entes que já produz sua disjunção, a separação do corpo e da alma que não se consolida nem se resolve dentro de um sistema. A significância que nasce da sensibilidade, antes da significação da palavra sobre as coisas, que abre a via da ontologização do mundo, deixa uma marca perceptível apenas no rosto que está mais além da significação objetivante da realidade. O si mesmo é

identidade anterior ao "para si", não é o modelo reduzido ou germinal da relação de si consigo mesmo, tal como seria o conhecimento. O si mesmo, que nem é visão de si por si mesmo nem tampouco manifestação de si para si mesmo, não coincide com a identificação da verdade. Não se diz em termos de consciência, de discurso ou de intencionalidade [...]. O si mesmo não descansa em paz sob sua identidade e, contudo, sua in-quietude não é cisão dialética nem tampouco processo que iguale a diferença [...] a glória do infinito é a desigualdade entre o Mesmo e o Outro, a diferença, que é também não indiferença do mesmo em relação ao outro (ibid.).

Assim, a dialética se reabsorve no mundo pós-moderno, repleto de contradições, conflitos e antagonismos, assim como de complexidades, diferenças e responsabilidades coletivas, onde o ser das coisas — a natureza — e os seres humanos se unem para criar sinergias criativas e produtivas. O mundo se transforma. A partir do limite da racionalidade econômico-tecnológica que domina a natureza e a humanidade, se abre o caminho para a sustentabilidade, a equidade e a justiça, baseadas em uma política da diversidade, da diferença e da outridade, e guiadas por uma racionalidade ambiental.

Final

A racionalidade ambiental desponta no horizonte da sustentabilidade como condição de vida: não apenas da biodiversidade, mas da vida humana, da cultura, do sentido da existência. É uma nova compreensão do mundo que habitamos. Nesta fronteira que marca a transição entre a modernidade e a pós-modernidade, se questiona a racionalidade que sustentou o mundo moderno e se vislumbra uma nova racionalidade. Esta revisão das categorias do pensamento não é um simples refluxo de ideias nas marés do conhecimento. Não é o reflexo de uma realidade complexa no pensamento da complexidade. Não é o eterno retorno do mesmo em um mundo em que não haveria "nada de novo sob o sol". O pensamento novo é ruptura, mas não faz *tabula rasa* do pensamento que o antecede; não decapita o conhecimento científico; não esquece os saberes tradicionais. Acima de tudo, não é uma simples mudança de paradigma, uma mera mutação das ideias ou a emergência de uma ciência da complexidade, enquanto o mundo real e a cotidianidade da existência humana continuariam atuando sob as regras da racionalidade dominante. A racionalidade ambiental não é um simples refinamento da dialética, do estruturalismo, da teoria de sistemas e da ciência da complexidade para adaptá-los ao pensamento da pós-modernidade, a uma política da diferença e a uma ética da outridade.

A racionalidade ambiental procura dar nome a esta "lógica transformacional" e ao "jogo de linguagens" do tear do saber no qual se entretecem as velhas ideias e o novo pensamento. A epistemologia ambiental é uma odisseia do conhecimento que se abre para o saber e que, portanto, deixa de ser epistemologia no sentido de uma filosofia da ciência ou das condições paradigmáticas de produção de conhecimentos, da relação da teoria e dos conceitos com o real, para pensar a relação do ser com o saber. O ambiente deixa de ser um objeto de conhecimento para se converter em fonte de pensamentos, de sensações e de sentidos.

O pensamento é um fluido de ideias que viaja na história através de crises internas, de obstáculos epistemológicos, de mudanças paradigmáticas, de ressignificações teóricas; mas que não permite fazer cortes temporais absolutos; onde o conhecimento que busca a unidade, a generalidade e a transdisciplinaridade também não pode fugir da identidade própria de cada paradigma científico e do campo específico no qual uma teoria moderna produz conhecimentos, verdades e sentidos; onde a verdade nunca é absoluta, nem a verdade de um momento histórico, mas onde o ser cultural produz verdades historicamente condicionadas e válidas.

Nesta busca se constrói o futuro sustentável de outro mundo possível. A emergência do saber ambiental, seus saltos epistêmicos pelos limiares que sua própria investigação vai criando, não são um deslocamento fluido pelo espaço exterior ao núcleo de racionalidade do conhecimento estabelecido. Em sua aventura epistemológica permanecem as marcas das faltas, as falhas e as contradições produzidas por seus saltos quânticos por suas diferentes órbitas que continuam a orientar sua busca infinita de saber.

Desse modo, o pensamento ambiental abre a transição para um novo mundo. Ao nomear e significar as coisas do mundo, fertiliza novos mundos de vida, como fizeram as diversas culturas em sua relação com a natureza, através de suas linguagens e de suas práticas sociais, no decorrer da história da humanidade. A racionalidade ambiental busca um horizonte, não para descobrir e colonizar terras e povos, mas para fundar um novo mundo que lance raízes em novos territórios nos quais as diversas culturas possam coabitar com a natureza.

Navegar é preciso, viver não é necessário, costumava dizer Fernando Pessoa, seguindo Nietzsche, que escrevera: "É necessário navegar, deixando para trás nossas terras e os portos de nossos pais e avós; nossos barcos têm de buscar a terra de nossos filhos e netos, ainda não vista, desconhecida".

Assim se pensa o saber ambiental.

A epistemologia ambiental se desdobra em um desejo infinito de saber, como um sol que ilumina o caminho do saber ambiental entre as sombras e obscuridades do conhecimento; um sol que não gosta de brilhar a partir de seu próprio zênite e se esconde de sua própria luz no lado escuro do mundo; que pisca o olho um pouco mais inclinado para o sul que para o norte; que olha para o horizonte ao entardecer e desenha variados pores de sol pintando os céus com cores e luzes mutáveis; que gira a cada noite para reaparecer em um novo dia.

LEIA TAMBÉM

▶ **EPISTEMOLOGIA AMBIENTAL**

Enrique Leff

7ª edição (2011)

304 páginas

ISBN 978-85-249-1684-7

O autor reúne artigos recentes e inéditos. Trata-se de uma introdução a uma série de problemas conceituais, teóricos e metodológicos envolvidos na busca inter e transdisciplinar para a análise e a confrontação prática da crise socioambiental contemporânea.

LEIA TAMBÉM

▶ **DISCURSOS SUSTENTÁVEIS**
Enrique Leff

1ª edição (2010)

296 páginas

ISBN 978-85-249-1649-6

Esta obra afunda o olhar na intimidade da estratégia libertadora da Educação Ambiental e torna visível sua agitação no magma propiciatório do diálogo de racionalidades, desenhando os novos contornos da história, em cujo interior será possível neutralizar a marcha para o abismo e ressignificar o processo civilizatório. A edição brasileira, além dos textos originais, conta com debates e discussões travadas pelo autor em diversos países da América Latina, especialmente Argentina e Brasil.

LEIA TAMBÉM

▶ **EDUCAÇÃO AMBIENTAL:**
a formação do sujeito ecológico

Isabel Cristina de Moura Prado
Coleção Docência em Formação

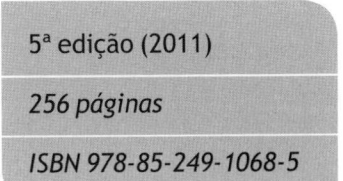

5ª edição (2011)

256 páginas

ISBN 978-85-249-1068-5

Este livro contribuirá na formação de sujeitos capazes de compreender o mundo e agir nele de forma crítica. Uma mediação importante na construção social de uma prática político-pedagógica portadora de nova sensibilidade e postura ética, sintonizada com a dimensão ambiental.